增材制造技术原理及应用探究

毛 涛 著

哈尔滨出版社
HARBIN PUBLISHING HOUSE

图书在版编目（CIP）数据

增材制造技术原理及应用探究／毛涛著. -- 哈尔滨：
哈尔滨出版社，2025.1. -- ISBN 978-7-5484-8239-0

Ⅰ. TB4

中国国家版本馆 CIP 数据核字第 2024A59M55 号

书　　名：增材制造技术原理及应用探究
　　　　　ZENGCAI ZHIZAO JISHU YUANLI JI YINGYONG TANJIU

作　　者：毛　涛　著

责任编辑：刘　硕

封面设计：赵庆旸

出版发行：哈尔滨出版社（Harbin Publishing House）

社　　址：哈尔滨市香坊区泰山路 82 - 9 号　　邮编：150090

经　　销：全国新华书店

印　　刷：北京虎彩文化传播有限公司

网　　址：www. hrbcbs. com

E - mail： hrbcbs@yeah. net

编辑版权热线：（0451）87900271　 87900272

销售热线：（0451）87900202　 87900203

开　　本：787mm×1092mm　 1/16　 印张：11.25　 字数：246 千字

版　　次：2025 年 1 月第 1 版

印　　次：2025 年 1 月第 1 次印刷

书　　号：ISBN 978-7-5484-8239-0

定　　价：58.00 元

凡购本社图书发现印装错误，请与本社印制部联系调换。

服务热线：（0451）87900279

前　言

本书对增材制造技术领域进行了全面探讨，为读者提供增材制造技术在不同领域的原理、应用及发展趋势。本书以系统性的方式介绍了增材制造技术的基础知识、各种技术方法，并深入研究了其在医疗、航空航天、汽车工业、艺术设计等领域的具体应用。

在第一章中，读者将对增材制造技术有个全面了解，包括其定义、发展历程及分类等。这为读者打下了坚实的基础，使他们能够更好地理解后续章节的内容。随后的章节则着重探讨了光固化、粉末床熔化、激光烧结、喷墨和电子束熔化等常见增材制造技术的原理、优势和应用案例，为读者提供了深入的专业知识。

此外，本书还涉及了原型制作与快速成型技术、增材制造材料与性能等方面的内容。通过对这些领域的深入探讨，读者不仅可以了解增材制造技术的当前状况，还能够洞察其未来的发展方向。

无论是学术研究人员、工程师，还是对增材制造技术感兴趣的读者，本书都将成为他们的宝贵参考资料。对于学术研究人员，本书提供了最新的技术进展和研究方向；对于工程师，本书则提供了实用的工艺知识和案例分析；对于对增材制造技术感兴趣的读者，本书则是一本全面了解该领域的入门指南。

在这个充满科技创新的时代，增材制造技术已经成为各行各业不可或缺的一部分。本书将引领读者深入探索这一领域的奥秘，为他们开启一段充满挑战和机遇的学习之旅。

目　　录

第一章　增材制造技术概述

第一节　增材制造技术的定义与发展历程

一、增材制造技术的起源与基本概念

增材制造技术，作为一种革命性的制造方法，自其诞生之日起就受到了广泛的关注。其起源可以追溯到20世纪80年代，随着计算机技术的迅猛发展，人们开始探索将计算机技术与制造技术相结合，以实现更高效、更精准的制造过程。增材制造技术就是在这样的背景下应运而生，并对人们的生活产生了巨大的影响。

（一）增材制造技术的起源

增材制造技术的起源可以追溯到美国科学家查尔斯·赫尔在1983年发明的立体光刻技术（SLA）。这项技术利用光敏树脂材料在紫外激光的照射下逐层固化，从而构建出三维实体。立体光刻技术的出现，标志着增材制造技术的诞生，也开启了3D打印技术的新篇章。

随后，各种增材制造技术不断涌现，如选择性激光烧结（SLS）、熔融沉积建模（FDM）、电子束熔化（EBM）等。这些技术各有特点，但都遵循着逐层累加的基本原理，通过材料的逐层堆积来制造三维实体。随着技术的不断进步和完善，增材制造技术逐渐从实验室走向了工业化生产，成为现代制造业的重要组成部分。

（二）增材制造的基本概念

增材制造技术，又称3D打印技术，是一种基于数字模型文件，使用可黏合材料如金属粉末、塑料、陶瓷等逐层打印出三维实体的技术。其基本原理是将计算机辅助设计（CAD）等设计软件中的三维模型进行切片处理，得到一系列二维层面数据，然后利用增材制造设备将这些二维层面逐层堆积起来，最终形成三维实体。

与传统减材制造技术相比，增材制造技术具有显著的优势。首先，它能够实现复杂形状和结构的制造，无须复杂的模具和工装，大幅缩短了产品开发和制造周期。其次，增材制造技术可以实现个性化定制和小批量生产，满足了市场对多样化、个性化产品的需求。此外，增材制造技术还具有材料利用率高、能源消耗低等优点，符合可持续发展的要求。

（三）增材制造技术的应用领域与发展前景

增材制造技术作为一种前沿的制造技术，已经在多个领域得到了广泛应用。在航空航天领域，增材制造技术可以制造复杂的零部件和结构件，降低重量、提高性能，为航空航天器的设计和制造提供了新的解决方案。在汽车工业中，增材制造技术可以实现汽车零部件的快速原型制作和个性化定制，提高了产品的设计灵活性和市场竞争力。在医疗领域，增材制造技术可以制造定制化的医疗器械和植入物，为患者提供更好的治疗效果和生活质量。此外，增材制造技术还在建筑设计、艺术品制作、教育培训等领域发挥着重要作用。

随着技术的不断进步和应用领域的不断拓展，增材制造技术的发展前景十分广阔。未来，增材制造技术将进一步实现高精度、高效率、高性能的制造，满足更多领域的需求。同时，随着新型材料的研发和应用，增材制造技术将能够制造出更加复杂、更加精细的三维实体，为各行业的发展提供更多的可能性。

此外，智能化、自动化和数字化也是增材制造技术发展的重要趋势。通过与人工智能、大数据等技术的结合，增材制造技术将实现更高效的制造过程、更精准的质量控制及更灵活的生产方式。这将进一步推动制造业的转型升级和创新发展，为人类社会的进步和发展做出更大的贡献。

总之，增材制造技术作为一种革命性的制造技术，已经在多个领域展现出了巨大的潜力和价值。随着技术的不断进步和应用领域的不断拓展，增材制造技术将在未来发挥更加重要的作用，为人类社会的发展带来更多的创新和机遇。

二、增材制造技术的发展脉络与重要节点

增材制造技术，自其诞生之日起，便以其独特的制造理念和技术优势，引领着制造业的深刻变革。经过数十年的发展，增材制造技术已经走过了从实验室探索到工业化应用的漫长道路，其间经历了多个重要的发展节点，形成了清晰的发展脉络。

（一）技术萌芽与初步探索阶段

在增材制造技术的萌芽阶段，科学家们开始探索将计算机技术与制造技术相结合的可能性。1983年，美国科学家查尔斯·赫尔成功发明了立体光刻技术（SLA），这标志着增材制造技术的诞生。随后，其他科学家和工程师们纷纷投入到这一新兴领域的研究中，不断探索新的工艺方法和材料体系。

在这一阶段，增材制造技术的主要特点是实验性和探索性。由于技术尚未成熟，设备的精度和稳定性有限，制造出的产品主要用于验证技术的可行性和探索新的应用领域。尽管如此，这一阶段的研究为增材制造技术的后续发展奠定了坚实的基础。

（二）技术成熟与工业化应用阶段

随着研究的深入和技术的不断完善，增材制造技术逐渐走向成熟。在这一阶段，增材制造设备的精度和稳定性得到了显著提升，制造工艺和材料体系也日趋完善。这

使得增材制造技术能够制造出更加复杂、更加精细的产品，满足了更多领域的需求。

同时，增材制造技术开始从实验室走向工业化生产。许多企业开始将增材制造技术应用于产品开发和生产中，实现了快速原型制作、个性化定制和小批量生产等功能。这不仅提高了产品的设计灵活性和市场竞争力，还降低了生产成本和缩短了开发周期。

在这一阶段，增材制造技术的应用领域也得到了不断拓展。除了航空航天、汽车、医疗等传统领域外，增材制造技术还开始涉足建筑、教育、艺术等新兴领域，为这些领域的发展带来了新的机遇和挑战。

（三）技术创新与多元化发展阶段

进入 21 世纪后，随着计算机技术的飞速发展和新型材料的不断涌现，增材制造技术迎来了技术创新和多元化发展的新时代。在这一阶段，增材制造技术不仅在工艺方法和材料体系上取得了重大突破，还在智能化、自动化和数字化等方面实现了显著进展。

一方面，新的工艺方法和材料体系的出现，使得增材制造技术能够制造出更加复杂、更加高性能的产品。例如，金属 3D 打印技术的发展使得金属材料的制造变得更为高效和精准；生物相容性材料的研发则使得增材制造技术在医疗领域的应用更加广泛和深入。

另一方面，智能化、自动化和数字化技术的应用，使得增材制造技术的生产效率和质量得到了进一步提升。通过引入人工智能、大数据等先进技术，增材制造设备能够实现更精准的控制、更灵活的生产方式及更高效的质量管理。这不仅提高了生产效率和降低了成本，还使得增材制造技术更加适应个性化定制和小批量生产的需求。

在这一阶段，增材制造技术的发展还呈现出多元化的特点。除了传统的熔融沉积建模（FDM）、选择性激光烧结（SLS）等技术外，还出现了电子束熔化（EBM）、激光金属沉积（LMD）等多种新型技术。这些技术各有特点，适用于不同的应用场景和需求，为增材制造技术的广泛应用提供了更多的选择和可能性。

总之，增材制造技术的发展脉络清晰可见，从最初的技术萌芽和初步探索阶段，到技术成熟与工业化应用阶段，再到技术创新与多元化发展阶段，每一个阶段都伴随着技术的进步和应用领域的拓展。未来，随着技术的不断创新和应用领域的不断拓展，增材制造技术将在更多领域发挥更大的作用，为人类社会的发展带来更多的创新和机遇。

三、增材制造技术的前沿动态与未来展望

增材制造技术作为现代制造业的重要组成部分，其前沿动态与未来展望一直备受关注。随着科技的不断进步和市场的不断变化，增材制造技术正面临着前所未有的发展机遇和挑战。下面我们将从多个方面探讨增材制造技术的前沿动态，并展望其未来的发展趋势。

（一）高精度、高效率增材制造技术的探索与发展

随着制造业对产品质量和生产效率的要求不断提高，高精度、高效率的增材制造

技术成为研究的热点。目前,科研人员正在通过优化打印算法、改进打印设备、研发新型打印材料等方式,不断提升增材制造的精度和效率。

在算法方面,科研人员通过引入人工智能、机器学习等技术,对打印过程进行智能控制,实现了打印路径的优化和打印参数的自动调节,从而提高了打印精度和效率。同时,科研人员还在研究多材料、多功能的增材制造技术,以满足更加复杂和多样化的制造需求。

在设备方面,科研人员通过改进打印头的结构、优化喷头的喷射性能、提高设备的稳定性和可靠性等方式,提升了打印设备的性能。此外,一些新型打印设备的出现,如连续液相界面固化技术、双光子聚合技术等,也为高精度、高效率的增材制造提供了有力支持。

在材料方面,科研人员通过研发新型打印材料,如高性能金属粉末、生物相容性材料、纳米复合材料等,拓展了增材制造的应用领域。这些新型材料不仅具有优异的物理和化学性能,还能够在打印过程中实现更高的精度和更好的成型效果。

(二) 智能化、自动化增材制造系统的研发与应用

随着工业 4.0 和智能制造的快速发展,智能化、自动化的增材制造系统成为研究的重点。这种系统通过引入传感器、控制系统、数据分析等技术,实现了对打印过程的实时监测和自动控制,提高了制造过程的智能化水平和生产效率。

在智能化方面,增材制造系统通过集成传感器和数据分析技术,能够实时获取打印过程中的各种信息,如温度、压力、速度等,并通过算法对这些信息进行处理和分析,从而实现对打印过程的精确控制。同时,系统还可以通过机器学习等技术,对打印过程中的异常情况进行自动识别和预警,提高了制造的可靠性和稳定性。

在自动化方面,增材制造系统通过引入机器人、自动化输送线等技术,实现了打印过程中的自动化操作和物料管理。这不仅降低了人工操作的难度和成本,还提高了制造过程的连续性和生产效率。同时,自动化增材制造系统还可以与其他制造设备实现无缝对接,形成完整的数字化生产线,进一步提高了制造效率和产品质量。

(三) 增材制造技术在跨领域合作与产业融合中的创新应用

随着科技的不断发展,增材制造技术正逐渐渗透到各个领域中,与其他技术和产业实现深度融合。这种跨领域合作与产业融合为增材制造技术的创新应用提供了广阔的空间。

在医疗领域,增材制造技术已经广泛应用于个性化医疗器械和植入物的制造。通过与医学影像技术、生物材料技术等领域的合作,科研人员可以精确制造出符合患者需求的定制化产品,提高了治疗效果和生活质量。同时,增材制造技术还可以用于生物组织的修复和再生,为再生医学和组织工程提供了新的解决方案。

在航空航天领域,增材制造技术可以用于制造复杂的零部件和结构件,降低重量、提高性能。通过与先进复合材料技术、仿真技术等领域的合作,科研人员可以优化打印参数和材料性能,实现更高效、更精准的制造过程。同时,增材制造技术还可以用

于快速原型制作和飞行器的定制化设计，为航空航天器的研发和生产提供了新的途径。

此外，增材制造技术还在建筑、汽车、教育等领域得到了广泛应用。通过与相关领域的合作与融合，增材制造技术不断拓展其应用范围和应用深度，为各行业的发展带来了新的机遇和挑战。

（四）增材制造技术的未来展望

展望未来，增材制造技术将在多个方面实现突破和发展。首先，随着技术的不断进步和材料的不断创新，增材制造技术的精度和效率将得到进一步提升，制造出更加复杂、更加高性能的产品。其次，智能化、自动化增材制造系统将得到广泛应用，实现制造过程的智能化控制和自动化操作，提高生产效率和产品质量。同时，增材制造技术将与更多领域实现深度融合和创新应用，为各行业的发展提供更多的可能性。最后，随着可持续发展理念的深入人心，环保型增材制造材料和技术的研发将成为重要方向，推动增材制造技术向更加绿色、环保的方向发展。

综上所述，增材制造技术的前沿动态与未来展望中充满了机遇和挑战。通过不断探索和创新，我们有理由相信，增材制造技术将在未来发挥更加重要的作用，为人类社会的发展带来更多的创新和福祉。

第二节　增材制造技术的分类与特点

一、不同增材制造技术的分类方法

增材制造技术（AM）是一种以逐层堆积材料的方式构建物体的制造方法，其在工业界和学术界都引起了广泛关注。随着技术的不断发展，增材制造技术也在不断演化和分化，形成了多种不同的方法和系统。为了更好地理解和研究这些技术，人们提出了各种分类方法。下面我们将介绍不同的增材制造技术的分类方法，并对其进行分析和讨论。

（一）基于材料状态的分类方法

1. 固态增材制造技术

固态增材制造技术是指利用固态材料，通过逐层堆积的方式构建物体的制造方法。这类技术包括传统的层积焊接技术、选择性激光烧结（SLS）、电子束熔化（EBM）等。其特点是材料在制造过程中一直保持固态状态，通过激光或电子束等热源局部加热使材料熔融，然后凝固成型。

2. 液态增材制造技术

液态增材制造技术是指利用液态材料，通过逐层固化的方式构建物体的制造方法。这类技术包括光固化3D打印（SLA）、数字光处理（DLP）、喷墨3D打印等。其特点是材料在制造过程中处于液态或半固态状态，通过光固化或喷射等方式逐层固化成形。

3. 气态增材制造技术

气态增材制造技术是指利用气态材料，通过逐层固化或凝聚的方式构建物体的制造方法。这类技术包括喷墨 3D 打印、气态沉积等。其特点是材料在制造过程中处于气态状态，通过喷射或沉积等方式逐层固化或凝聚成形。

（二）基于加工原理的分类方法

1. 光固化型增材制造技术

光固化型增材制造技术是指利用光固化材料，通过逐层固化的方式构建物体的制造方法。这类技术包括 SLA、DLP 等。其原理是利用紫外光源照射光固化树脂，使其逐层固化成形。

2. 热熔型增材制造技术

热熔型增材制造技术是指利用热熔材料，通过逐层熔化和凝固的方式构建物体的制造方法。这类技术包括 SLS、EBM 等。其原理是利用激光或电子束等热源局部加热材料，使其熔化后凝固成形。

3. 喷墨型增材制造技术

喷墨型增材制造技术是指利用喷墨喷射材料，通过逐层喷射和固化的方式构建物体的制造方法。这类技术包括喷墨 3D 打印等。其原理是利用喷头喷射材料，通过固化或凝固使其逐层堆积成形。

（三）基于应用领域的分类方法

1. 金属增材制造技术

金属增材制造技术是指利用金属材料进行增材制造的技术，包括 SLS、EBM 等。其应用于制造金属零件，具有良好的力学性能和热性能，被广泛应用于航空航天、汽车制造等领域。

2. 塑料增材制造技术

塑料增材制造技术是指利用塑料材料进行增材制造的技术，包括 SLA、DLP 等。其应用于制造塑料零件，具有成本低、制造周期短等优点，被广泛应用于消费品、医疗器械等领域。

3. 生物医学增材制造技术

生物医学增材制造技术是指利用生物材料进行增材制造的技术，包括生物打印等。其应用于制造人体组织、器官等，医学应用前景广阔，被广泛应用于医疗领域。

不同的增材制造技术具有各自特点和适用范围，我们可以从材料状态、加工原理和应用领域等多个角度进行分类。对于研究人员和工程师来说，了解这些分类方法可以更好地选择合适的技术。

二、各类增材制造技术的特点与优势

增材制造技术是一种革命性的制造方法，它通过逐层堆积材料来构建物体，与传统的切削加工相比，具有许多独特的特点和优势。在下面，我们将探讨不同类别的增材制造技术的特点与优势。

（一）固态增材制造技术的特点与优势

1. 特点

①利用固态材料进行制造，如金属粉末、陶瓷粉末等。

②利用激光束或电子束等热源局部加热材料，进行熔化和凝固。

③适用于制造金属零件、陶瓷零件等高强度、高硬度的零部件。

2. 优势

①制造的零件具有优良的力学性能和热性能，可满足高要求的工程应用。

②可以实现复杂几何形状的零件制造，如内部结构复杂、曲面设计复杂的零件。

③生产效率高，制造周期短，适用于小批量、个性化生产。

（二）液态增材制造技术的特点与优势

1. 特点

①利用液态或半固态材料进行制造，如光固化树脂等。

②利用紫外光源照射材料，使其逐层固化成形。

③适用于制造塑料零件、树脂零件等具有复杂表面特征的零部件。

2. 优势

①制造的零件表面光滑，精度高，可以达到工程级别的要求。

②生产过程无须加热，能耗低，环保性好。

③适用于快速成型，可以实现快速设计验证、小批量生产。

（三）气态增材制造技术的特点与优势

1. 特点

①利用气态材料进行制造，如喷墨喷射材料等。

②利用喷墨喷射或沉积等方式，逐层固化或凝聚成形。

③适用于制造薄膜、纸张等具有平面特征的零部件。

2. 优势

①制造的零件具有轻质、薄膜等特点，适用于柔性电子、电子显示等领域。

②生产过程简单，设备成本低，易于实现规模化生产。

③可以实现高分辨率的打印，适用于印刷电路板、柔性电子等领域。

不同类别的增材制造技术具有各自独特的特点和优势。固态增材制造技术适用于制造金属、陶瓷等高强度材料的零件，具有优良的力学性能；液态增材制造技术适用于制造塑料、树脂等具有复杂表面特征的零件，具有高精度、光滑表面的特点；气态增材制造技术适用于制造薄膜、纸张等具有平面特征的零件，具有轻质、薄膜等特点。这些技术的不断发展与创新将进一步推动制造业的转型与升级，为人类创造更加丰富

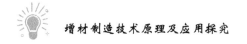

多样的产品和应用。

三、增材制造技术相较于传统制造的优势

随着制造业的不断发展和技术的进步，增材制造技术作为一种新兴的制造方式，与传统的切削加工相比，具有诸多独特的优势和特点。在下面，我们将探讨增材制造技术相较于传统制造的优势，并分为三个部分进行详细阐述。

（一）制造成本与制造效率

1. 制造成本

传统制造通常需要大量的原材料，并且在加工过程中会有较多的废料产生。相比之下，增材制造技术可以精确控制材料的使用，减少浪费，降低制造成本。特别是在生产小批量、个性化产品时，增材制造技术的优势更为明显，因为它不需要大规模的模具制造，减少了投资和固定成本。

2. 制造效率

增材制造技术可以实现快速设计到产品的转化，缩短了产品的开发周期。相较于传统的制造方法，增材制造技术可以直接从计算机辅助设计（CAD）模型中生成零件，省去了制造模具的时间。此外，增材制造技术的生产过程是逐层构建的，可以同时制造多个不同的零件，提高了生产效率。

（二）设计灵活性与制造复杂性

1. 设计灵活性

传统制造通常受限于加工工艺和机械设备的限制，往往难以实现复杂形状的零件生产。而增材制造技术可以实现对于复杂几何形状的零件进行快速制造，设计师可以更加自由地发挥想象力，创造出更加复杂、更加精巧的产品。

2. 制造复杂性

增材制造技术可以实现对于内部结构复杂、曲面设计复杂的零件进行一体化制造，避免了传统制造中需要进行多次加工和组装的过程。这不仅可以降低制造成本，减少人为误差，同时也提高了产品的整体质量和性能。

（三）资源利用率与能源消耗

1. 资源利用率

增材制造技术可以精确控制材料的使用，减少了废料的产生，提高了资源的利用率。相比之下，传统制造中的切削加工往往会产生大量的废料，对于原材料的浪费较为严重。

2. 能源消耗

增材制造技术通常采用局部加热的方式进行材料的固化或熔化，相比传统制造中整体加热的方式，能耗更低。此外，增材制造技术在生产过程中无须大量的冷却液和润滑油等化学品，减少了对环境的污染。

增材制造技术相较于传统制造具有诸多显著的优势，包括制造成本和效率的提高、设计灵活性和制造复杂性的增加，以及资源利用率与能源消耗等方面。随着技术的不断发展和应用领域的不断拓展，增材制造技术将在未来的制造业中发挥越来越重要的作用，为人类创造更加丰富多样的产品和应用。

第三节　增材制造技术的应用研究

一、概述

当前，以增材制造为代表的新制造技术，其基础研究、关键技术、产业孵化等都在快速发展。增材制造技术完全改变了产品的设计制造过程，被视为诸多领域科技创新的"加速器"、支撑制造业创新发展的关键基础技术；进一步改变了产品的生产模式，驱动定制化、个性化、分布式制造；通过云制造并与大数据技术结合，加快传统制造升级，实现制造的个性化、智能化、社会化；对制造业起到巨大的推动和颠覆性变革作用，助推航空、航天、能源、国防、汽车、生物医疗等领域核心制造技术的突破和跨越式发展。

增材制造的技术与产业研究是国内外热点课题。美国麦肯锡咨询公司认为增材制造是决定 2025 年经济发展的 12 大颠覆技术之一，发布的《增材制造发展的主流化》探讨了增材制造 40 年发展历程，做出了增材制造将成为主流制造技术的判断。中国工程院战略性新兴产业项目组近年来持续关注增材制造产业发展动态，研讨了面向"十四五"时期及中长期的增材制造产业路线图。有研究指出，增材制造技术作为面向材料的制造技术，在聚合物、金属、陶瓷、玻璃、复合材料中仍普遍存在打印精度、打印尺度、打印速度难以兼顾的矛盾；在比较分析国内外增材制造产业的发展概况、宏观策略、典型应用的基础上，探讨了增材制造相关的标准体系、人才培育、行业趋势等。

我国制造业面临着复杂的国际合作形势和激烈的产业竞争态势，高端装备制造产业发展难以避免地受到干扰，前沿技术与工程的自主发展面临潜在挑战；在进行高质量发展转型的过程中，我们需要坚定实施制造强国战略。我们需要注意到，尽管我国制造业对于以增材制造为代表的新制造技术推广应用具有较高的热度，但增材制造技术与产业相比世界先进水平仍有差距；国内多数制造企业还处于接触增材制造技术、开展探索应用阶段，没有达到全面掌握、转化应用、创造增量价值的目标；结合国情开展的增材制造技术规划与产业发展研究也不够深入和充分。针对此，我们下面力求全面梳理增材制造技术与产业进展，剖析当前发展存在的问题，突出生物医药与医疗器械、大型高性能复杂构件、空间增材制造、结构创新与新材料发明等重点方向，以期为我国增材制造领域的技术攻关、产业升级、宏观策略等研究提供基础参考。

二、国际增材制造的技术和产业发展情况

（一）国际增材制造技术动态

世界范围内增材制造相关的新工艺、新原理、新材料、新应用不断涌现，4D 打印、空间 3D 打印、电子 3D 打印、细胞 3D 打印、微纳 3D 打印等新概念层出不穷。针对工程塑料、陶瓷、树脂基纤维增强复合材料等的增材制造技术逐渐成熟，适用材料的种类与应用范围有所拓展，典型金属增材制造结构的力学性能趋于稳定甚至部分超过锻件性能。高熵非晶合金等新种类合金材料的成分设计、材料基因组设计、多材料功能梯度结构、超材料结构、仿生材料及其结构、具有电磁屏蔽功能的复合材料结构、材料结构功能一体化设计、3D 打印纳米结构、轴向立体光刻打印、4D 打印智能材料、活体细胞打印、极端环境下的增材制造及应用等创新型、交叉性技术研究进展明显。无支承金属成形、大幅面高能束密集阵列区域化选取熔化金属（或烧结尼龙）成型、金属摩擦沉积制造、混合制造、多机器人协作的大尺寸结构的增材制造等先进成形工艺获得突破。增材制件长周期服役的显微组织演变规律、人工智能检测成形过程缺陷、机器学习改进材料成分增强综合性能、耐高温合金材料组织性能的热处理调控工艺等前沿基础研究成果丰富。

在企业应用方面，增材制造技术赋予了零部件集成打印、轻量化、高效换热、新材料应用、多材料功能梯度结构设计等创新功能；正在规模化地集成到现有产品的制造流程甚至供应链中，革新传统制造方法并降低制造成本。一些优势制造企业建立了包括基于增材制造技术的创新结构（如拓扑优化、晶状点阵结构、结构功能一体化）设计能力，增材制造成形工艺控制、后处理及质量检测评价等在内的全流程技术体系。以德国弗劳恩霍夫应用研究促进协会为代表的一批研究机构，持续深化增材制造的工业化生产和智能化技术研究。

在标准建设方面，传统制造强国在增材制造技术方面进展较快，较多采用政府部门、高校、科研机构、企业、标准化机构组成标准化联盟，以国防装备、工程化场景应用需求为牵引，注重标准类基础研究的发展模式；以发布增材制造标准建设路线图的形式来推动相关建设，如《增材制造标准化路线图》（美国）及《增材制造标准领航行动计划（2020—2022 年）》（中国）。截至 2023 年 3 月，世界范围内发布、在编、拟编标准超过 200 项，已发布的标准涉及增材制造技术的术语和定义、数据格式、设计、材料、成形工艺、零件检测、装备产品、人员操作、安全、评估、修理、行业应用等方面；在航空、航天、汽车、焊接、船舶、计量、检测、印刷电路板、消费类 3D 打印、医疗、安全等领域/ 方向也开展了标准研究与制定。值得指出的是，增材制造的标准建设仍处于初期阶段，明显滞后于技术自身发展和产业推广需求。

在科技论文与专利方面，近年来国际上与增材制造相关的数量迅猛上升，中国、美国、德国、韩国、日本是增材制造技术研究最为活跃的国家。将全球增材制造专利

申请按照发明人国别、优先权国别进行排序可见，美国仍保持了增材制造原创专利产出的重要地位，在增材制造核心技术方面的创新能力较强。

（二）国际增材制造产业动态

面向未来产业布局，制造强国实施积极的增材制定产业政策。例如，美国着眼于持续增强制造业创新能力和竞争力，通过顶层设计、战略规划来引领增材制造产业发展；组建国家增材制造创新机构，协调推动增材制造在国防装备、先进制造业中的示范应用并形成产业生态。

国际增材制造产业从起步期转入成长期。随着技术成熟度提升、单位成本降低、产业配套能力增强，增材制造已经逐渐成为工业领域的主流制造方式，以综合效益（如成本、周期、轻量化等）改善促进了下游应用发展。行业领军企业规划了多种增材制造技术发展路线，采取加大资金投入、设立研发中心等形式布局增材制造软硬件及创新网络平台，快速推进商业化应用；超前应对增材制造相关产业的潜在竞争，在专利、标准方面进行布局，力求把握新型制造技术制高点，在民用飞机、发动机、医疗器械等装备制造方面取得创新发展。

国际增材制造产业链不断拓展。航空、航天、航海、能源动力、汽车与轨道交通、电子工业、模具制造、医疗健康、数字创意、建筑等领域的企业和服务厂商不断涌入这一新兴市场。增材制造技术在航空/航天发动机制造方面获得广泛应用，如航空发动机燃油喷嘴、传感器外壳、低压涡轮叶片等零件通过了适航认证并批量应用到商用航空发动机，涡轮机部件具备了批生产能力且金属增材制件的成本接近铸造。在汽车行业，增材制造技术应用覆盖原型设计、模具制造、批量化打印零件等。在数控机床产业链中，出现了配套有3D打印头的数控机床和机器人产品，将增材功能模块与减材设备（机床）等材设备（铸锻焊、热处理）配套，形成各类制造功能的复合化；同时将增材制造装备作为工作母机产业链的一部分进行推广。增材制造在个性医疗器械生产方面应用广泛，如新型3D打印医疗器械产品趋于多样化，从生物假体制造扩展至细胞、组织、器官的打印；还可用于制造医用机器人。优势企业将增材制造装备、高端机床、智能工业机器人引入生产线，部分实现了混线生产，在生产效率、质量控制、柔性生产等方面提高了市场竞争力。

我们也要注意到，受国际形势、各国政策导向的影响，主要国家之间的高端装备制造业竞争格局正在出现调整；大型装备企业倾向于采用兼并收购、服务增值等方式提升核心竞争力，将促进形成增材制造新产业链格局。跨国企业主导区域内的供应链布局调整，供应链逐渐缩短将成为新趋势；各国应对气候变化、实施碳减排所采取的积极措施，也将推动全球范围内产业链加速重构，呈现产业链趋于完整、供应链多元化、产业分工区域化等趋势。未来15年，制造业各领域原有的供应链体系将被打断并进行重组，考虑到技术成熟带来的单位成本效益、本地打印制造的零件相比全球制造中心提供的零件更具成本效益，增材制造有望改变全球制造产业链的价值结构。因此，未来增材制造产业规模有望进一步扩大。

三、我国增材制造技术开发和产业发展的现状及面临的问题

(一) 我国增材制造技术的进展

我国初步建立了涵盖 3D 打印材料、工艺、装备技术到重大工程应用的全链条增材制造技术创新体系，相关技术研究涉及从光固化材料的原型制造（产品开发）到大尺寸金属材料的增减材一体化制造（装备应用）的完整环节，包括各类工艺的增材制造装备与增材制造数据处理、各类成形工艺的路径规划软件、模拟增材制造过程物理化学变化的数字仿真软件、数字孪生体建模仿真、空间原位增材制造等。工程应用技术拓展至工业领域的产品装备创新、工业领域高价值部件的再制造修复、重大装备的原位修复与制造等。在医疗领域，生物医疗 3D 打印成为精准医疗、康复保健研究的前沿技术，相应产品以面向患者的定制化解决方案，增材制造的康复器具、手术导航及医疗植入物等为代表，极具应用前景。

"十三五"时期以来，完成了 10 多类关键部件（如超高速激光熔覆头、电子枪、微滴喷射打印头）的技术攻关和自主生产，体现了核心部件的良好研制进展。开发的光内送粉等 20 余种规格的激光熔覆喷头，适用于 1 ~ 20 kW 激光直接能量沉积，在电机转子、风机转子等动力部件的增材修复中获得应用。激光加热阴极电子枪、大尺寸数字式动态聚焦扫描系统、在线检测系统等打破了国外公司的技术壁垒，国产 3 kW 六硼化镧单晶阴极电子枪的阴极寿命提升至 800 h；相关的电子枪及动态聚焦扫描系统配置于国产大幅面阵列式电子束选区熔化装备。通过持续努力，我国增材制造技术研究在工艺与装备稳定性、精度控制、变形与应力调控等方面取得良好进展，大幅面动态铺粉的旋转粉末床增材制造装备、新一代高性能难加工合金大型复杂构件增减材制造装备等系列产品研制成功并投入应用。目前，增材制造技术在航空、航天、动力、能源领域的高端装备制造方面获得了广泛认可，如采用激光熔覆沉积技术实现了投影面积达到 16 m² 的飞机发动机承力框、起落架的增材制造，解决了传统方法难以处理的复杂结构、功能集成整体制造难题；采用多丝协同的电弧熔丝增减材工艺装备，实现了 10 m 尺寸级高强铝合金运载火箭连接环样件制造；开发了"融铸锻焊"一体化的创新工艺。此外，工业级颗粒料熔融挤出成型、树脂及陶瓷浆料的光固化成型、金属激光熔融沉积成型等离子束/电弧熔丝成型、大幅面激光选区熔化成型、增减材混合制造等装备实现了稳定的工业级应用；金属黏合剂喷射 3D 打印技术能够改善井身结构力学性能的不足，有望走向低成本、批量化应用。

科研院所、装备制造企业与下游用户组成"产学研"联合体，协同开展大尺寸金属增材制件的成形工艺与装备、检测技术、标准的研制。装备企业积极推动增材制造技术在结构优化设计、材料、装备、工艺、检测评价等环节融入现有制造体系，提升新型号制造保障能力；开展复杂异形构件研制及批产工作，带动成熟的航天动力型号演进升级。以火箭发动机部件的增材制造为示范，掌握了钛合金、高温合金、不锈钢、铝合金、铜合金 5 类合金共 16 种牌号材料的应用特性，实现了材料经热处理后 5 类力

学性能指标与同成分锻件水平相当的目标；研究的材料种类覆盖70%以上的常用铸/锻件难加工材料，实现了200余种产品的增材制造成形（含通过试车考核的90余种构件、批量交付的30余种构件）。

（二）我国增材制造产业的进展

我国形成了国家级、省级、重要行业的增材制造创新中心协同布局，骨干企业率先发展的创新网络与产业生态体系；增材制造产业链的各环节，包括原材料、关键零部件配套、装备研制、共性技术研发平台、应用服务商及各应用领域，都在快速发展。我国消费级增材制造产业规模全球领先。在高性能金属增材制造原材料及其生产装备方面，基本实现了国产化替代，具有批量化供应和成本竞争优势；核心器件及零部件的国产化进程加速，在国产中低端装备上实现了规模化配套；高性能金属增材制造装备基本突破了规模化、产业化瓶颈，五轴增材混合制造装备已实现商用。增材制造砂型成为铸造行业转型升级突破口，建成万吨级铸造3D打印制造工厂；实现新型飞机研制过程中的增材制造结构件占比超过3%，建成火箭发动机零组件的智能生产车间。此外，国家药品监督管理局成立了医用增材制造技术医疗器械标准化技术归口单位，围绕增材制造医疗器械软件、设备、原材料、工艺控制等，制定标准和规范，保障产业发展；针对多款增材制造产品批准了医疗器械注册证，医用增材制造产品的临床应用案例超过$1 \times 10\,000$个，一批医用增材制造产品（如3D打印可降解支架）进入了动物实验、个例临床试验阶段。

我国增材制造产业规模稳步增长。增材制造产业链上的大、中、小企业融通发展格局显现，国内增材制造设备供应商积极从跟随状态转向自主创新发展，龙头企业具备了参与国际市场竞争的技术能力。以京津冀地区、长江三角洲（长三角）地区、珠江三角洲（珠三角）地区为核心，中西部地区为纽带的增材制造产业发展的地域空间格局基本形成，区域性产业链集聚优势逐步体现。

为应对国际市场与技术交流的形势变化，促进我国增材制造产业链的健康发展，产业界积极推动增材制造"产学研用"协同发展模式，补齐产业链薄弱环节，突破关键技术瓶颈。增材制造产业链的上、中、下游机构与企业紧密合作：下游的用户从需求出发解决了合适的技术来源，上游的增材制造原材料生产与销售商、中游的增材制造设备与打印产品服务厂商明确了技术开发重点及市场方向。例如，航空、航天、核电、医疗领域的用户，与国内相关企事业单位组成技术攻关联合体，开展增材制件的实验验证与认证工作，实现国产材料、工艺装备在各领域的"能用、敢用、规模化应用"。

未来经济发展的良好预期及超大规模的内需市场，是我国战略性新兴产业发展的根本动力。"3D打印+"正在向汽车、模具、精准医疗、新能源、再制造等制造业的细分方向、社会生活的多个方面深入发展。随着增材制造技术成熟度的提升，材料及生产成本的持续下降，增材制造技术的应用范围及产业规模有望进一步拓展，增材制造、减材制造等材制造将逐渐在制造业价值链上形成"三分天下"的格局。

（三）我国增材制造技术与产业发展存在的问题

1. 共性技术研究及基础器件能力存在不足

增材制造产业的高质量发展，依赖于关键技术的全面突破、技术体系成熟度的综合提升，表现在扩展材料种类、改善成形效率、革新质量控制手段、降低综合成本。我国增材制造产业尽管增速较快，但原始创新能力依然不强，基础共性技术、基础器件配套能力、产业前沿技术研究差距客观存在，工业软件及核心器件的国产配套能力不足，部分核心关键技术受制于人。高端增材制造装备使用的核心元器件（如打印头、激光器、长寿命电子枪、扫描振镜、微滴喷头、精密光学器件等）、关键零部件、商业化工业软件较多依赖进口；部分激光器、扫描器件已完成自主研制，但配套应用规模较小，品质与可靠性有待提高。国产高端金属成形装备在专用工艺包开发与成型精度方面较世界先进水平仍有差距。

增材制造行业的共性关键技术支撑能力有所不足，成为规模化应用的瓶颈环节。增材制造涉及学科众多、应用领域宽广，导致基础理论研究、应用基础研究、学科交叉研究繁重而迫切。尤其是在民航、轨道交通、核电、医疗等行业，因严格监管而面临严格的产品准入要求，但面向产品全生命周期（设计、制造、经销、服役用、维修保养、回收/再用处置）的质量保证与认真研究仍处于初期阶段，不利于增材制造技术及产品的推广应用。与基础数据缺乏、标准建设滞后的整体态势类似，增材制造高性能专用材料及其成形工艺包等基础数据的积累较少，标准及质量评价体系不完整。特别是面向各领域应用的缺陷检测及质量评价技术研究不足，导致增材制件在复杂工况/环境服役的可靠性数据偏少，增材制件在高温、超高压、深冷、复杂腐蚀等极端条件下的缺陷检验检测与临界失效预测预警技术，系统工程风险评估技术，超期服役、长周期运行的结构完整性评价技术等均有待突破，它们制约了增材制造产业的规模化发展。

2. 面向国际市场的专利布局滞后

面向国际市场开展专利布局，才能保障我国增材制造产业的未来竞争力。发达国家构建的专利壁垒对我国企业在增材制造、激光制造领域的投入及研究产生了明显干扰。拥有核心自主知识产权体系，是打破国外技术壁垒与封锁的依托，也是壮大国内增材制造产业的核心环节。在增材制造领域日益激烈的国际市场竞争背景下，我国增材制造技术专利的保护力度相对不足，信息与技术的市场化共享渠道不畅；应把握增材制造技术的国际制高点，以更大力度实施相关专利的海外市场布局，化解增材制造产业国际化的发展风险。

3. 产业规模与产业集群建设有待深化

我国增材制造产业初步形成了完整的生态链，构建了产业链、供应链风险的应对机制，但客观来看仍存在分布不集中、企业规模小、综合竞争力弱等问题。"专精特新"企业数量少、成立时间短，研发强度和市场竞争力在短期内离不开产业政策扶持；各应用领域的示范推广和商业应用规模仍待发展，国际化仅处于起步阶段。工业企业除了因成本控制而限制推广规模之外，对增材制造技术的认识仍不够深入，实施创新应用的开拓能力不足；多是沿用国外案例经验或由市场竞争倒逼，偏好短期规模效益、跟随市场热点进行重复投资，而对技术创新难度大的产品缺乏持续投入动力。现有的增材制造产业集群呈现"小集中、大分散"分布特征，产业链过于围绕中游（增材制造装备）展开；通用技术薄弱、创新能力体系不强、人才与研发经费保障不充分、行业利润不足以支撑可持续发展，成为增材制造行业面临的共性问题。

跨部门和区域的协调发展机制不完善，各省份的产业链规划互补性弱，部分增材制造产业园区同质化竞争现象严重；地区之间的抢链风险和局部市场壁垒问题，阻碍了增材制造产业链的优质发展。在区域内，大型企业的独立性较高，业务覆盖原材料、装备、应用等环节，几乎包揽所有研发与生产任务，小型企业尤其是初创公司难以参与配套的发展模式有待革新。国有企业在设备采购中过分强调业绩记录，导致自主创新技术不易获得应用实践机会。因此，增材制造产业集群的发展水平和发展质量不平衡问题较为突出，亟待破解。

四、面向未来的增材制造技术与产业前瞻布局

（一）生物医药与医疗器械增材制造

生物医药产业、新型治疗技术的发展，对生物医药与医疗器械制造技术提出更高要求。增材制造是实现个性化诊疗方案与植入物制造的关键技术。在当前3D打印应用于精准医疗的基础上，继续完善医用增材制造产品的认证标准、法规、评价体系，创新发展高效增材制造的新工艺、新技术、新装备：基于3D打印技术，发展受控释放的药物制剂打印产品，制造满足生物相容性的骨科植入物及基于可降解材料的打印产品；发展基于生长因子的3D打印技术，形成人体器官再造的重大突破；探索体内原位打印修复技术，为骨缺损临床修复填充、部分功能器官修复提供新手段。针对社会老龄化现象，基于增材制造技术研究人体老化器官功能再生方案，提升人类的生活质量，从而取得生命科学的重大创新成果，开创规模化的新兴产业。

（二）大型高性能复杂构件的增材制造

瞄准航空、航天、船舶、核能等领域重大装备的发展需求，突破大型复杂精密构件研发生产的"卡脖子"技术环节，如高性能铝合金、钛合金、船用钢、高温难熔难加工合金、复合材料等材料的大型复杂构件高效增材制造工艺，系列化的工程成套装备性能控制及质量评价、检测标准认证与工程化应用等；重点攻关大型高性能复杂构件制造的组织性能调控、在线质量检测、服役性能预测、装备集成与可靠性等技术。以增材制造技术的应用提升来推动重点工程、重大装备的建设突破，提升相关产品的研制水平和更新换代能力。

（三）空间增材制造

在形成空间新材料、新装备、新工艺、新应用，提高空间活动能力，增强空间开

发利用优势方面具有重要价值。面向工程实际需求，针对宇航器、空间站、卫星的在轨制造与维修，太阳能电池阵列、天线、光学系统等大型空间结构的在轨制造与组装，外星球基地建设等长远发展规划，着力提升空间增材制造技术。系统级的研究布局有舱内微重力环境下的增材制造技术与装备、适应舱外极端环境的新材料成形技术与装备、空间巨型结构的多方位增材制造技术、在轨制造工厂。突破真空微重力环境下的金属冶金与部件原位修复，轻质金属及新合金的原位增材制造，复合材料空间增材制造，多材料、多功能器件的空间增材制造，生物器官的空间增材制造等技术，构建在轨制造技术体系。此外，利用外星物质进行新合金原位冶金及增材制造、月壤基地3D打印等也是亟待发展的大规模空间开发支撑技术。以空间增材制造技术的基础研究为突破口，快速转化应用能力，探索商业应用示范。未来结合民用、商业、国防需求，开辟新的制造体系、人类新的制造基地，为解决地外资源原位利用、拓展人类地外持续生存与活动能力提供战略性保障。

（四）基于增材制造的结构创新与新材料发明

面向能源领域发展需求，基于增材制造技术的创新设计将显著缩小换热器结构，支持小型化、模块化、可移动的核电小堆装备工程化开发，为核电安全性提升及潜在的电力供应安全提供保障；研究堆芯燃料组件、核主泵、换热器、热电转换等关键结构的创新设计，新材料及相应的增材制造技术，探索增材制造在线增强增韧技术，提高增材件的复杂工况服役性能，超前布局并构建核电行业增材制造标准及质量评价体系。针对前沿新材料，发挥增材制造技术在材料基因组设计新合金、多材料及功能复合材料构件制造方面的平台技术作用，研究基于增材制造的新材料合成技术、新材料增材制造工艺及其应用，形成高端装备用特种合金、电子打印材料、生物医用材料、智能仿生材料、高性能纤维复合材料、高性能陶瓷基复合材料、新型合金材料等；依托增材制造技术，构建新材料发明的创新体系，提升材料研发能力和新材料产业竞争力。

五、我国增材制造技术与产业发展建议

（一）建立增材制造协同创新机制并支持企业开展应用创新

建议以国家整体目标、产业发展需求为导向，统筹正在规划建设、以各类创新中心为代表的国家战略科技力量；在增材制造重点领域给予连续性政策支持，借鉴国际先进科研机构的管理模式与经验，构建稳定适用的团队管理模式，兼顾科研团队的稳定发展与分工协同。建立由国家级科研机构、产业联盟、第三方机构组成的产业链安全预警机制，加强增材制造前沿技术与产业发展的战略研究，制定增材制造工业基础能力与关键共性技术提升计划、发展目录、标准开发及增材制造技术与产业发展路线图。建设各类科研机构、科研项目的协同机制，开展增材制造产业基础与关键共性技术研究，支持解决前沿技术和创新成果的工程转化难题，为装备制造行业的产业链高

除了因成本控制而限制推广规模之外，对增材制造技术的认识仍不够深入，实施创新应用的开拓能力不足；多是沿用国外案例经验或由市场竞争倒逼，偏好短期规模效益、跟随市场热点进行重复投资，而对技术创新难度大的产品缺乏持续投入动力。现有的增材制造产业集群呈现"小集中、大分散"分布特征，产业链过于围绕中游（增材制造装备）展开；通用技术薄弱、创新能力体系不强、人才与研发经费保障不充分、行业利润不足以支撑可持续发展，成为增材制造行业面临的共性问题。

跨部门和区域的协调发展机制不完善，各省份的产业链规划互补性弱，部分增材制造产业园区同质化竞争现象严重；地区之间的抢链风险和局部市场壁垒问题，阻碍了增材制造产业链的优质发展。在区域内，大型企业的独立性较高，业务覆盖原材料、装备、应用等环节，几乎包揽所有研发与生产任务，小型企业尤其是初创公司难以参与配套的发展模式有待革新。国有企业在设备采购中过分强调业绩记录，导致自主创新技术不易获得应用实践机会。因此，增材制造产业集群的发展水平和发展质量不平衡问题较为突出，亟待破解。

四、面向未来的增材制造技术与产业前瞻布局

（一）生物医药与医疗器械增材制造

生物医药产业、新型治疗技术的发展，对生物医药与医疗器械制造技术提出更高要求。增材制造是实现个性化诊疗方案与植入物制造的关键技术。在当前3D打印应用于精准医疗的基础上，继续完善医用增材制造产品的认证标准、法规、评价体系，创新发展高效增材制造的新工艺、新技术、新装备：基于3D打印技术，发展受控释放的药物制剂打印产品，制造满足生物相容性的骨科植入物及基于可降解材料的打印产品；发展基于生长因子的3D打印技术，形成人体器官再造的重大突破；探索体内原位打印修复技术，为骨缺损临床修复填充、部分功能器官修复提供新手段。针对社会老龄化现象，基于增材制造技术研究人体老化器官功能再生方案，提升人类的生活质量，从而取得生命科学的重大创新成果，开创规模化的新兴产业。

（二）大型高性能复杂构件的增材制造

瞄准航空、航天、船舶、核能等领域重大装备的发展需求，突破大型复杂精密构件研发生产的"卡脖子"技术环节，如高性能铝合金、钛合金、船用钢、高温难熔难加工合金、复合材料等材料的大型复杂构件高效增材制造工艺，系列化的工程成套装备性能控制及质量评价、检测标准认证与工程化应用等；重点攻关大型高性能复杂构件制造的组织性能调控、在线质量检测、服役性能预测、装备集成与可靠性等技术。以增材制造技术的应用提升来推动重点工程、重大装备的建设突破，提升相关产品的研制水平和更新换代能力。

（三）空间增材制造

在形成空间新材料、新装备、新工艺、新应用，提高空间活动能力，增强空间开

发利用优势方面具有重要价值。面向工程实际需求，针对宇航器、空间站、卫星的在轨制造与维修，太阳能电池阵列、天线、光学系统等大型空间结构的在轨制造与组装，外星球基地建设等长远发展规划，着力提升空间增材制造技术。系统级的研究布局有舱内微重力环境下的增材制造技术与装备、适应舱外极端环境的新材料成形技术与装备、空间巨型结构的多方位增材制造技术、在轨制造工厂。突破真空微重力环境下的金属冶金与部件原位修复，轻质金属及新合金的原位增材制造，复合材料空间增材制造，多材料、多功能器件的空间增材制造，生物器官的空间增材制造等技术，构建在轨制造技术体系。此外，利用外星物质进行新合金原位冶金及增材制造、月壤基地3D打印等也是亟待发展的大规模空间开发支撑技术。以空间增材制造技术的基础研究为突破口，快速转化应用能力，探索商业应用示范。未来结合民用、商业、国防需求，开辟新的制造体系、人类新的制造基地，为解决地外资源原位利用、拓展人类地外持续生存与活动能力提供战略性保障。

（四）基于增材制造的结构创新与新材料发明

面向能源领域发展需求，基于增材制造技术的创新设计将显著缩小换热器结构，支持小型化、模块化、可移动的核电小堆装备工程化开发，为核电安全性提升及潜在的电力供应安全提供保障；研究堆芯燃料组件、核主泵、换热器、热电转换等关键结构的创新设计，新材料及相应的增材制造技术，探索增材制造在线增强增韧技术，提高增材制件的复杂工况服役性能，超前布局并构建核电行业增材制造标准及质量评价体系。针对前沿新材料，发挥增材制造技术在材料基因组设计新合金、多材料及功能复合材料构件制造方面的平台技术作用，研究基于增材制造的新材料合成技术、新材料增材制造工艺及其应用，形成高端装备用特种合金、电子打印材料、生物医用材料、智能仿生材料、高性能纤维复合材料、高性能陶瓷基复合材料、新型合金材料等；依托增材制造技术，构建新材料发明的创新体系，提升材料研发能力和新材料产业竞争力。

五、我国增材制造技术与产业发展建议

（一）建立增材制造协同创新机制并支持企业开展应用创新

建议以国家整体目标、产业发展需求为导向，统筹正在规划建设、以各类创新中心为代表的国家战略科技力量；在增材制造重点领域给予连续性政策支持，借鉴国际先进科研机构的管理模式与经验，构建稳定适用的团队管理模式，兼顾科研团队的稳定发展与分工协同。建立由国家级科研机构、产业联盟、第三方机构组成的产业链安全预警机制，加强增材制造前沿技术与产业发展的战略研究，制定增材制造工业基础能力与关键共性技术提升计划、发展目录、标准开发及增材制造技术与产业发展路线图。建设各类科研机构、科研项目的协同机制，开展增材制造产业基础与关键共性技术研究，支持解决前沿技术和创新成果的工程转化难题，为装备制造行业的产业链高

级化、产业链现代化提供坚实支撑。

建议制定鼓励企业应用自主技术产品的奖励和补助政策、符合技术创新规律的新型科技机构考核与管理办法。明确考核导向，提高技术创新在考核中的比重，分类考核长期研发投入和产出，形成长期扶持、鼓励创新、宽容失败的考核机制，激发企业创新动力；引导企业从依靠过度资源消耗、低性能/低成本竞争模式转向依靠技术与应用创新、实施差别化竞争模式，提升中国制造行业的国际竞争力。

（二）围绕重大装备需求开展增材制造工艺变革专项技术攻关

围绕国防重大战略需求、国际前沿竞争需要，开展重大装备发展的顶层设计，从原始创新、新材料、核心器件、工业软件、高端装备、创新应用等方面着手，强化增材制造技术创新体系。建议设立增材制造工艺变革科技专项（简称"科技专项"），建设用户牵头、多元主体参与的协同机制并形成"产学研用"联合体；建设增材制造产业链的产品质量保障体系，覆盖原材料规范、成形精度、生产效率、专用软件、制造装备、后处理、检测检验、标准等；破解增材制造产业链的技术瓶颈环节，为重大装备制造提供配套技术支撑。

科技专项将重点支持增材制造在重大装备研发与生产单位中的技术扩散和产业化应用，推动国产的材料、软件、器件、制造装备、应用工艺流程等全链条技术在大型飞机及无人机、航空/航天发动机、重型运载火箭、空间飞行器、汽车、医疗器械、海洋装备等工程装备及关键部件整体化制造中的应用示范，培育并提升中小企业在增材制造产业链中的参与程度。科技专项将重点引导增材制造技术在真实场景中的加速应用及技术迭代，建设面向应用对象的增材制造全工艺流程基础数据库，适应技术研究、性能验证、产品研制的实际需要；在深层次解决国产材料、关键功能部件、工业软件等产业配套问题的同时，实质性提升增材制造关键技术与装备的国产化能力及国际市场竞争力。

（三）深化区域性增材制造产业集群建设

把握国际高端装备产业创新发展趋势与规律，立足国情实际与装备需求，优化顶层设计并统筹区域性增材制造产业发展规划。针对增材制造创新链和产业链的技术密集、资金密集、人才密集特点，建议整合各地区的优势科技资源与先进制造产业链资源，高效推动"3D打印＋"细分行业的协调发展。围绕世界级产业集群建设目标，以京津冀地区、长三角地区、珠三角地区、中西部地区的增材制造产业优势聚集区为基础，推进增材制造技术与各地区优势产业链、供应链的深度融合；打破不合理的地区限制和隐性壁垒，推动产业链、供应链的跨区域协同发展，形成具有国际竞争优势的中国增材制造产业链生态。

建议成立由管理部门、创新平台、企业用户共同参与的增材制造产业链"双链主"，在整机及关键功能部件、应用创新方面提供必要支持，实施技术攻关和应用示范，实现增材制造产业链与区域内各应用行业产业链的协同发展。合理给予税收优惠或金融支持，引导中小企业向"专精特新"方向成长，支持深耕基础零部件、材料、元器件、传感器、工业软件、专用装备等细分领域，以差异化发展实现产业链提升。鼓励各类企业采取投资入股、联合投资等方式，与增材制造创新平台开展深度合作，实现创新资源高效整合、创新驱动产业发展。推动各领域的重点企业加大国产增材制造装备、国产器件的应用力度，推动军民技术的一体化发展，以应用创新促进能力提升。

第四节　增材制造技术在工业革命中的角色

一、增材制造技术与第四次工业革命的关系

随着科技的飞速发展和全球经济的变革，第四次工业革命已经在全球范围内展开。而增材制造技术作为第四次工业革命的重要组成部分之一，在这场革命中扮演着重要角色。下面我们将探讨增材制造技术与第四次工业革命的关系，并深入分析其在工业革命中的作用和影响。

（一）增材制造技术的基本概念

增材制造技术，又称为3D打印技术，是一种以逐层堆积材料的方式构建物体的制造方法。与传统的切削加工不同，增材制造技术直接从数字模型中构建物体，通过逐层添加材料而不是通过切削或去除材料来形成物体。这使得增材制造技术能够实现更高的设计灵活性和生产效率，适用于制造复杂几何形状的产品，同时还能够实现快速的原型制作和小批量生产。

（二）第四次工业革命的特征

第四次工业革命是数字化、网络化和智能化的工业变革，其特征包括人工智能、物联网、大数据、云计算等前沿技术的广泛应用，以及制造业向智能化、自动化、个性化发展的趋势。第四次工业革命正在深刻地改变着人类的生产方式、生活方式和社会结构，对全球经济、科技和文化产生了深远影响。

（三）增材制造技术与第四次工业革命的关系

1. 技术驱动

增材制造技术是第四次工业革命的重要技术之一，它体现了数字化制造、智能制造的发展趋势。增材制造技术的出现和发展，使得制造业能够更加灵活、智能地应对市场需求的变化，实现个性化定制、快速响应和高效生产。

2. 制造模式转型

传统制造业以大规模生产为主导，生产效率高但灵活性差。而增材制造技术为制

造业带来了灵活、定制化的生产模式，能够根据客户需求快速生产出产品，实现生产过程的个性化和柔性化。

3. 产业结构优化

增材制造技术的发展推动了传统产业向智能制造、高端制造的转型升级，加速了产业结构的优化和调整。新兴产业和新型业态不断涌现，为经济增长注入了新的动力。

4. 创新驱动

增材制造技术为创新提供了新的路径和可能性。它打破了传统制造的局限性，使得设计师和制造者能够更加自由地发挥创造力，实现更加复杂、精密的产品设计和制造。

（四）增材制造技术在第四次工业革命中的应用案例

1. 航空航天领域

使用增材制造技术可以制造复杂结构的航空零部件，提高飞机的性能和安全性。

2. 医疗健康领域

利用增材制造技术可以实现个性化的医疗器械和假体制造，为患者提供更好的治疗方案。

3. 汽车制造领域

利用增材制造技术可以制造轻量化的汽车零部件，提高汽车的能效和安全性。

4. 建筑领域

利用增材制造技术可以实现建筑结构的快速建造和定制化设计，提高建筑效率和质量。

增材制造技术作为第四次工业革命的重要组成部分，正在推动着制造业的转型升级，为全球经济的发展注入新的活力。随着技术的不断进步和应用领域的不断拓展，增材制造技术将在未来的工业发展中发挥越来越重要的作用，为人类创造出更加丰富多样的产品和应用。

二、增材制造技术对制造业转型升级的影响

随着科技的不断进步和全球经济的发展，制造业正处于转型升级的关键时期。而增材制造技术作为一种革命性的制造方式，对于推动制造业的转型升级具有重要的影响。下面我们将探讨增材制造技术对制造业转型升级的影响，并分为四个部分进行详细阐述。

（一）提升生产效率与降低成本

1. 快速生产

增材制造技术采用逐层堆积的方式构建物体，与传统的切削加工方式相比，能够实现更快速的产品制造。特别是在原型制作、小批量生产等领域，增材制造技术能够快速响应客户需求，缩短产品的开发周期，提高市场竞争力。

2. 减少浪费

传统制造过程中常常会产生大量的废料和副产品，而增材制造技术可以实现精确控制材料的使用，减少浪费，提高资源利用率。这不仅降低了制造成本，也符合可持续发展的理念，有利于保护环境。

（二）实现个性化定制与设计自由化

1. 个性化定制

增材制造技术可以根据客户需求实现个性化定制的产品制造，而无须额外的模具或工艺调整。这使得制造业能够更好地满足消费者多样化、个性化的需求，提高产品的市场竞争力。

2. 设计自由化

传统制造往往受制于加工工艺和机械设备的限制，难以实现复杂几何形状的产品设计。而增材制造技术可以实现对于复杂形状的产品设计和制造，设计师可以更加自由地发挥创造力，创造出更加精美、复杂的产品。

（三）推动产业结构优化与创新驱动发展

1. 产业结构优化

增材制造技术的出现和应用，推动了制造业向智能化、高端化的方向发展，加速了产业结构的优化和调整。新兴产业和新型业态不断涌现，为经济增长注入新的动力。

2. 创新驱动发展

增材制造技术为创新提供了新的路径和可能性，打破了传统制造的局限性，使得设计师和制造者能够更加自由地发挥创造力，实现更加复杂、精密的产品设计和制造。这将进一步推动制造业的创新发展，促进经济的持续增长。

（四）增材制造技术在各领域的应用案例

1. 航空航天领域

使用增材制造技术制造复杂结构的航空零部件，提高飞机的性能和安全性。

2. 医疗健康领域

利用增材制造技术实现个性化的医疗器械和假体制造，为患者提供更好的治疗方案。

3. 汽车制造领域

利用增材制造技术制造轻量化的汽车零部件，提高汽车的能效和安全性。

4. 建筑领域

利用增材制造技术实现建筑结构的快速建造和定制化设计，提高建筑效率和质量。

增材制造技术对于制造业的转型升级具有深远的影响，提升了生产效率、实现了个性化定制、推动了产业结构优化和创新驱动发展。随着技术的不断进步和应用领域的不断拓展，增材制造技术将在未来的制造业中发挥越来越重要的作用，为人类创造出更加丰富多样的产品和应用。

三、增材制造技术在推动工业创新中的作用

（一）增材制造技术的定义和原理

增材制造技术，又称为 3D 打印技术，是一种将数字化设计模型直接转化为实体物体的制造方法。相较于传统的减材制造技术，如铣削和车削，增材制造技术通过逐层堆积材料的方式构建物体，从而消除了传统加工过程中需要的模具和切削工具，大大简化了制造流程。其原理主要包括数字化设计、材料沉积和固化、层层堆积等步骤，通过控制打印头或激光束的运动轨迹和材料的沉积过程，我们可以精确地制造出复杂形状的物体，为工业生产带来全新的可能性。

（二）增材制造技术的优势和特点

1. 设计自由度高

增材制造技术可以直接将数字化设计模型转化为实体，因此在设计上具有极高的自由度，可以实现更加复杂和精细的结构，满足不同行业的个性化需求。

2. 生产周期短

相比传统的制造方法，增材制造技术无须制造模具和切削工具，大幅缩短了生产周期，特别是针对小批量生产或定制生产的需求，具有明显的优势。

3. 节约材料

增材制造技术可以根据实际需要精确控制材料的沉积位置和数量，避免了传统加工过程中大量材料的浪费，节约了资源成本。

4. 可实现个性化定制

由于增材制造技术的灵活性，我们可以根据客户的需求快速制造出个性化定制的产品，满足不同消费者的个性化需求。

5. 支持多种材料

增材制造技术不仅可以用于金属、塑料等传统材料的制造，还可以应用于生物材料、陶瓷材料等领域，具有较广泛的应用前景。

（三）增材制造技术在工业创新中的应用

1. 制造业转型升级

增材制造技术的出现为传统制造业带来了新的发展机遇，许多传统企业通过引进增材制造技术，实现了生产方式的转型升级，提高了产品质量和生产效率。

2. 制造定制化产品

随着消费者个性化需求的增加，越来越多的企业开始采用增材制造技术，生产定制化产品，满足市场的多样化需求，提升了产品附加值。

3. 航空航天领域的应用

增材制造技术在航空航天领域具有广泛的应用前景，可以制造轻量化、高强度的

航空零部件，提高了飞行器的性能和安全性。

4. 医疗健康领域的应用

增材制造技术可以制造个性化的医疗器械和假体，如人工关节、义肢等，为医疗健康行业带来了新的发展机遇。

5. 文化创意产业的推动

增材制造技术的出现为文化创意产业注入了新的活力，许多艺术家和设计师利用增材制造技术创作出独具特色的艺术品和设计品，推动了文化创意产业的发展。

总之，增材制造技术作为一种新型的制造方法，具有诸多优势和特点，对工业创新具有重要的推动作用。随着技术的不断进步和应用领域的不断拓展，我们相信增材制造技术将在未来发挥更加重要的作用，为工业发展和社会进步作出更大的贡献。

第二章 增材制造技术基本原理

第一节 增材制造技术的基本原理

一、增材制造技术的核心原理与机制

(一) 增材制造技术的基本概念

增材制造技术，也称为3D打印技术，是一种将数字化设计模型直接转化为实体物体的制造方法。相较于传统的减材制造技术，如铣削和车削，增材制造技术通过逐层堆积材料的方式构建物体，从而消除了传统加工过程中需要的模具和切削工具，大大简化了制造流程。其核心原理和机制主要包括数字化设计、材料沉积和固化、层层堆积等步骤。

(二) 增材制造技术的基本工作流程

1. 数字化设计

首先，使用计算机辅助设计（CAD）软件创建或导入待制造的三维模型。这个模型可以是从零开始设计的，也可以是从现有的物体进行扫描获得的。

2. 切片处理

将三维模型切割成一系列薄层，即切片。每一层的厚度通常在几十至几百微米，取决于所使用的打印设备和材料。

3. 打印预处理

对切片进行预处理，包括生成支撑结构、设置打印参数等。支撑结构用于支撑打印物体中的悬空部分，以防止变形或坍塌。

4. 材料沉积和固化

将材料（如塑料、金属、陶瓷等）通过打印头或激光束沉积到打印台或之前层的表面上。针对不同的打印技术，固化材料的方式各有不同，可以是热固化、紫外线固化、激光烧结等。

5. 层层堆积

重复材料沉积和固化的过程，直到整个物体的三维结构完全打印完成。

6. 后处理

打印完成后，可能需要进行一些后处理工序，如去除支撑结构、表面抛光、热处

理等，以达到最终的产品要求。

（三）增材制造技术的关键原理和机制

1. 数字化设计

增材制造技术的第一步是数字化设计，它将物体的三维模型转化为计算机可以理解和处理的数据。这一步是实现个性化定制和复杂结构制造的关键，它决定了后续制造过程的精确度和效率。

2. 材料沉积和固化

增材制造技术的核心步骤之一是材料的沉积和固化。在打印过程中，我们通过控制打印头或激光束的运动轨迹，将材料沉积到指定位置，并利用热能、光能或化学反应等方式使其固化成实体物体的一部分。这一步骤的精确控制直接影响着打印物体的质量和性能。

3. 层层堆积

增材制造技术的独特之处在于其层层堆积的制造方式。通过逐层堆积材料，打印物体的结构逐渐形成，从而实现了对复杂几何形状的制造。这种堆积方式也为增材制造技术的灵活性和多样性提供了基础。

4. 材料选择和性能控制

增材制造技术的另一个关键点是材料的选择和性能控制。不同的材料具有不同的物理性质和化学性质，适用于不同的应用场景。同时，通过调整打印参数、控制打印环境等方式，我们可以调控打印物体的结构、密度、强度等性能指标，实现对打印产品性能的定制化控制。

综上所述，增材制造技术的核心原理和机制包括数字化设计、材料沉积和固化、层层堆积等关键步骤。通过精确控制这些步骤，我们可以实现对复杂几何结构的制造，并为工业生产带来全新的制造方式和可能性。

二、增材制造过程中的物理与化学变化

（一）材料的加工状态转变

增材制造过程中，材料的加工状态经历了多次物理与化学变化，其中包括原材料的熔化、固化、液态到固态的转变等。这些变化直接影响着最终打印出的产品的质量和性能。

1. 原材料的熔化

对于热塑性材料，增材制造过程通常涉及将原材料加热至熔化状态。在熔化过程中，材料的分子间距增大，其黏度降低，从而可以通过打印头或喷嘴以流动的形式进行沉积。

2. 材料的固化

在增材制造过程中，熔化的材料需要在打印台或之前层的表面上迅速固化成型。固化可以通过多种方式实现，如降温、光固化、化学固化等，具体方式取决于所使用

的打印技术和材料类型。

3. 液态到固态的转变

在打印过程中，材料经历了从液态到固态的转变。在沉积到打印台或之前层的表面后，材料迅速失去热量，从而使其状态从液态转变为固态。这一转变过程中，材料的分子重新排列，形成了固态结构，从而确保了打印物体的稳定性和机械性能。

（二）热能与能量转换

增材制造过程中，热能与能量的转换是至关重要的。热能的加入用于将原材料熔化，同时在固化过程中也起到了重要作用。能量的转换影响着打印过程的速度、质量和能耗。

1. 能量输入

增材制造过程通常需要外部能量的输入，以将原材料加热至熔化温度。这种能量可以是热能、光能或其他形式的能量，取决于所使用的打印技术和材料类型。能量的输入方式直接影响着打印过程的速度和效率。

2. 能量转换

加热过程中，外部能量被转化为材料内部的热能，从而使其达到熔化温度。固化过程中，外部能量被转化为材料内部的化学能或光能，使其固化成形。这种能量的转换过程是增材制造过程中物理与化学变化的关键环节。

3. 能量控制与调节

为了确保打印过程的稳定性和打印产品的质量，我们需要对能量进行精确控制和调节。这包括控制加热温度、打印速度、固化时间等参数，以确保打印过程中材料的熔化和固化过程能够达到最佳状态。

（三）材料性能的变化与优化

增材制造过程中，材料的性能也会发生一系列变化，并且可以通过优化打印参数和材料选择来实现对打印产品性能的控制和调节。

1. 物理性能的变化

增材制造过程中，材料的物理性能如强度、硬度、密度等会发生变化。这些变化与材料的固化过程和内部结构有关，可以通过调节打印参数和固化方式来实现对物理性能的优化。

2. 化学性能的变化

一些增材制造过程中使用的材料可能会发生化学反应，从而影响打印产品的化学性能。例如，光固化材料在固化过程中可能发生交联反应，从而改变其化学结构和性质。对于特定的应用需求，可以选择适合的材料，并通过控制打印参数来实现对化学性能的优化。

3. 材料的选择与优化

在增材制造过程中，材料的选择对最终打印产品的性能至关重要。不同类型的材料具有不同的特性和应用场景，可以根据具体的需求选择适合的材料，并通过优化打印参数和工艺流程来实现对产品性能的优化。

综上所述，增材制造过程中的物理与化学变化涉及了材料的加工状态转变、热能与能量的转换及材料性能的变化与优化等方面。了解这些变化对于优化打印过程、提高产品质量和性能具有重要意义。

三、增材制造技术的精度与质量控制

（一）增材制造技术的精度要求

增材制造技术是一种高度精密的制造方法，对于不同的应用领域和产品类型，其精度要求也有所不同。然而，总体而言，增材制造技术的精度主要体现在以下几个方面：

1. 几何精度

即打印出的物体与数字化设计模型之间的几何形状的一致性。对于一些需要精确配合或具有复杂结构的零件来说，几何精度是非常重要的，其要求在微米甚至亚微米级别。

2. 表面粗糙度

表面粗糙度指打印出的物体表面的平滑程度和粗糙度。对于一些需要具有良好表面质量的产品，如外观件或需要进行后续表面处理的零件，表面粗糙度的控制至关重要。

3. 尺寸精度

尺寸精度是指打印出的物体的实际尺寸与设计要求之间的偏差程度。对于需要与其他零件配合的部件或具有严格尺寸要求的产品，尺寸精度是至关重要的，其要求通常在毫米或亚毫米级别。

4. 材料成分与性能

除了几何形状和尺寸精度外，增材制造技术还要求打印出的物体的材料成分和性能能够符合设计要求。这包括材料的密度、力学性能、化学性质等方面的精确控制。

综上所述，增材制造技术的精度要求涉及几何精度、表面粗糙度、尺寸精度及材料成分与性能等多个方面，其精度要求通常是非常严格的。

（二）提高增材制造技术精度的方法

为了满足不同应用领域和产品类型的精度要求，人们提出了许多方法和技术来提高增材制造技术的精度。主要方法包括：

1. 优化打印参数

通过优化打印参数，如打印速度、温度、层厚等，可以提高打印过程中的精度和稳定性。合理的打印参数设置能够有效控制熔融材料的流动性和固化速度，从而提高打印物体的几何精度和表面质量。

2. 增加支撑结构

在打印过程中，增加适当的支撑结构可以有效防止打印物体出现变形或塌陷，提高其几何精度和稳定性。支撑结构的设计和布局需要根据具体的打印对象和几何形状进行优化。

3. 后处理技术

在打印完成后，采用一些后处理技术可以进一步提高打印物体的精度和表面质量。例如，表面抛光、热处理、化学处理等可以有效减小表面粗糙度和提高尺寸精度。

4. 材料优化

选择合适的打印材料对于提高增材制造技术的精度至关重要。不同材料具有不同的熔化特性、流动性和固化特性，选择适合具体应用需求的材料可以提高打印物体的几何精度和机械性能。

（三）质量控制和检测方法

在增材制造过程中，质量控制和检测是确保打印产品符合设计要求的关键步骤。常用的质量控制和检测方法包括：

1. 成像技术

利用成像技术，如光学显微镜、扫描电子显微镜等，对打印产品的表面质量和几何形状进行检测和分析。成像技术能够提供高分辨率的图像，帮助发现可能存在的缺陷和问题。

2. 三维扫描技术

通过三维扫描技术，如激光扫描仪、光学测量系统等，对打印产品的尺寸、形状和表面粗糙度进行快速、精确测量和分析。三维扫描技术能够提供高精度的三维数据，为质量控制提供可靠的依据。

3. 非破坏性检测技术

利用一些非破坏性检测技术，如超声波检测、磁粉探伤等，对打印产品的内部结构和缺陷进行检测。非破坏性检测技术能够在不影响打印产品完整性的情况下，发现潜在的质量问题。

4. 统计质量控制

建立完善的统计质量控制系统是确保增材制造过程中质量稳定性的关键。通过收集和分析打印过程中的数据，如温度、压力、速度等参数及打印产品的几何特征和物理性能，我们可以实现对生产过程的实时监控和质量评估。基于统计质量控制的方法，可以及时发现生产过程中的异常情况，并采取相应的措施进行调整和纠正，从而保证打印产品的质量稳定性和一致性。

在质量控制过程中，我们还可以结合一些先进的数据分析和人工智能技术，如机器学习、深度学习等，对打印过程中的数据进行更深入挖掘和分析。通过建立预测模型和智能诊断系统，我们可以提前预警可能出现的质量问题，并给出相应的解决方案，进一步提高质量控制的效率和准确性。

此外，建立严格的质量管理体系和质量认证体系也是确保增材制造技术质量的重要手段。制定详细的生产工艺规范和质量标准，加强对供应链的管理和监控，建立健全的质量追溯体系和产品认证体系，可以帮助企业确保打印产品的质量符合国际标准和客户需求，提升企业的竞争力和市场信誉。

总的来说，提高增材制造技术的精度和质量控制是实现其在工业生产中广泛应用的关键。通过优化打印参数、选择适合的材料、建立质量控制系统等手段，我们可以有效提高打印产品的精度和质量稳定性，满足不同行业和领域的需求，推动增材制造技术的进一步发展和应用。

第二节　材料选择与性能要求

一、增材制造常用材料的种类与特性

增材制造技术的广泛应用离不开多种材料的选择与应用。不同的增材制造过程和应用领域需要使用不同类型的材料，这些材料具有各自独特的特性和优势。下面我们将探讨常用的增材制造材料的种类和特性，以及它们在工业生产中的应用。

（一）金属类材料

金属类材料是增材制造技术中应用最广泛的一类材料之一，其具有优异的机械性能和热导性能，适用于制造复杂结构和高强度的零部件。常用的金属类增材制造材料包括：

1. 不锈钢

特性：不锈钢具有优异的耐腐蚀性、机械强度和加工性能，是一种常用的金属增材制造材料。不锈钢可以根据不同的成分和工艺制备出具有不同性能的材料，如 304 不锈钢、316 不锈钢等。

应用：广泛应用于航空航天、汽车制造、医疗器械等领域，制造零部件、模具、夹具等。

2. 钛合金

特性：钛合金具有低密度、高强度、良好的耐腐蚀性和生物相容性等优点，是一种理想的金属增材制造材料，其具有良好的可加工性，适用于复杂结构的制造。

应用：广泛应用于航空航天、医疗器械、汽车制造等领域，制造航空零部件、人工关节、骨科植入物等。

3. 铝合金

特性：铝合金具有低密度、良好的导热性和加工性能，适用于制造轻量化结构和复杂形状的零部件，其具有良好的耐腐蚀性和强度。

应用：广泛应用于航空航天、汽车制造、电子产品等领域，制造飞机构件、汽车零部件、手机外壳等。

4. 镍基合金

特性：镍基合金具有优异的高温强度、耐腐蚀性和抗氧化性，是一种常用于高温环境下的金属增材制造材料，其具有良好的热膨胀性能和高温强度。

应用：主要应用于航空航天、航空发动机、化工设备等领域，制造涡轮叶片、燃气涡轮等高温零部件。

（二）塑料类材料

塑料类材料是增材制造技术中应用最广泛的一类非金属材料，其具有低成本、轻质、易加工等优点，适用于快速原型制造和小批量生产。常用的塑料类增材制造材料包括：

1. 聚合物

特性：聚合物材料具有良好的可塑性、耐磨性和绝缘性能，广泛应用于增材制造技术中。常见的聚合物材料包括聚乙烯（PE）、聚丙烯（PP）、聚苯乙烯（PS）等。

应用：广泛应用于医疗器械、汽车制造、电子产品等领域，制造零部件、外壳、模型等。

2. 光固化树脂

特性：光固化树脂是一种特殊的塑料材料，具有快速固化、高分辨率和良好的表面质量等优点。其适用于光固化型增材制造技术，如光固化3D打印。

应用：主要应用于珠宝、艺术品、模型制造等领域，制造精细结构和高表面质量的产品。

3. 尼龙

特性：尼龙具有良好的耐磨性、韧性和耐腐蚀性，是一种常用的工程塑料材料。其具有较高的强度和耐用性，适用于制造机械零部件和耐磨件。

应用：广泛应用于汽车制造、航空航天、工程机械等领域，制造齿轮、轴承、管道等耐磨零部件。

4. ABS

ABS（丙烯腈 - 丁二烯 - 苯乙烯）是一种常用的工程塑料，具有良好的强度、韧性和耐冲击性。其具有良好的加工性能和表面质量，适用于增材制造技术中的多种应用场景。

5. 聚碳酸酯（PC）

特性：聚碳酸酯具有优异的透明性、耐冲击性和耐高温性能，是一种常用的工程塑料材料。其具有良好的机械性能和化学稳定性，适用于制造要求高强度和高透明度的产品。

应用：主要应用于光学、电子、医疗器械等领域，制造透明外壳、显示器件、医疗器械零部件等。

（三）陶瓷类材料

陶瓷类材料具有优异的耐磨性、耐高温性和化学稳定性，适用于高温、高强度和耐腐蚀的环境中。常用的陶瓷类增材制造材料包括：

1. 氧化锆

特性：氧化锆具有高硬度、高耐磨性和高抗压强度，是一种常用的结构陶瓷材料。

其具有良好的化学稳定性和高温稳定性，适用于制造高温零部件和耐磨零件。

应用：主要应用于航空航天、能源、医疗器械等领域，制造发动机零部件、轴承、人工关节等。

2. 氮化硅

特性：氮化硅具有优异的高温强度、高硬度和耐磨性，是一种常用的结构陶瓷材料。其具有良好的化学稳定性和热稳定性，适用于制造高温零部件和耐磨零件。

应用：主要应用于航空航天、汽车制造、化工设备等领域，制造涡轮叶片、燃气涡轮、机械密封件等。

3. 氧化铝

特性：氧化铝具有优异的绝缘性、耐磨性和化学稳定性，是一种常用的功能性陶瓷材料。其具有良好的耐高温性和电绝缘性，适用于制造电子元件、绝缘部件等。

应用：广泛应用于电子、化工、医疗器械等领域，制造绝缘套管、陶瓷密封件、电子基板等。

4. 氧化铝陶瓷/塑料复合材料

特性：氧化铝陶瓷/塑料复合材料结合了氧化铝陶瓷的高硬度和塑料的良好加工性能，具有良好的耐磨性和冲击性，适用于制造结构件和耐磨零件。

应用：主要应用于机械、汽车制造、工程机械等领域，制造滑动轴承、刮板、轴套等。

综上所述，增材制造技术涉及的材料种类繁多，包括金属类、塑料类和陶瓷类材料等。不同材料具有各自独特的特性和优势，可以满足不同应用领域和产品类型的需求。随着增材制造技术的不断发展和完善，材料的种类和性能也将不断丰富和提升，为工业生产带来更多可能性。

二、材料选择对增材制造性能的影响

在增材制造技术中，材料选择是至关重要的一环，直接影响到最终产品的质量、性能及制造过程的效率。本节我们将深入探讨材料选择对增材制造性能的影响，并分为三个方面进行阐述。

（一）材料的物理化学性质

材料的物理化学性质是指其在增材制造过程中所表现出来的各种特性，包括但不限于熔点、热导率、热膨胀系数、机械性能等。这些性质直接影响到增材制造过程中材料的加工性能和最终产品的质量。

首先，材料的熔点对增材制造过程中的熔融和凝固过程具有重要影响。熔点较低的材料更容易被加热至熔化状态，并且在凝固后更快地形成稳定的结构，有利于提高制造效率和产品质量。相反，熔点较高的材料则需要更高的加热温度和更长的冷却时间，增加了制造成本和周期。

其次，材料的热导率决定了加热能量在材料中的传播速度。高热导率的材料可以更快地将加热能量传递到整个工件中，加速熔融和凝固过程，有利于提高制造速度和产品密度。而低热导率的材料则可能导致加热不均匀，造成工件内部的残余应力和结构不稳定。

再次，材料的热膨胀系数也是影响增材制造性能的重要因素。在加热和冷却过程中，材料因受热膨胀和冷缩而产生的变形会影响到工件的几何精度和尺寸稳定性。选择热膨胀系数相匹配的材料可以减少因热应力引起的变形和裂纹，提高制造精度和产品质量。

最后，材料的机械性能对于增材制造产品的使用性能和耐久性至关重要。高强度、高韧性的材料可以确保产品在使用过程中具有良好的抗压、抗拉和抗磨损性能，同时减少因外力作用而引起的变形和损坏。因此，在选择材料时我们需要综合考虑其物理化学性质，以确保最终产品能够满足特定的工程要求和使用环境。

（二）材料的加工性能

材料的加工性能是指其在增材制造过程中的加工难易程度，包括但不限于熔化性、流动性、成型性等。选择具有良好加工性能的材料可以提高增材制造过程的稳定性和效率，同时降低制造成本和风险。

首先，材料的熔化性直接影响到其在加热过程中的熔化行为。一些易熔化的材料可以在相对较低的温度下迅速熔化，形成充分润湿的熔池，有利于实现较高的成型精度和表面质量。相反，一些高熔化温度的材料可能需要更高的加热能量和加工温度，增加了加工难度和能耗。

其次，材料的流动性影响到其在熔融状态下的流动行为和成形能力。具有良好流动性的材料可以在加工过程中形成充分润湿的熔池，并且能够有效地填充复杂的空腔和细小的结构，有利于提高产品的密实度和表面光洁度。相反，流动性较差的材料可能导致加工过程中出现堵塞、裂纹等问题，影响到制造效率和产品质量。

再次，材料的成型性也是影响加工性能的重要因素。成型性好的材料可以在加工过程中保持稳定的形状和尺寸，不易发生变形和变质，有利于提高制造精度和一致性。相反，成型性差的材料可能需要额外的支撑结构或后续的加工工艺，增加了制造成本和复杂度。

最后，选择具有良好加工性能的材料对于提高增材制造的效率和质量至关重要。在实际应用中，我们需要根据具体的制造要求和工艺条件，综合考虑材料的物理化学性质和加工性能，选择最适合的材料进行制造。

（三）材料的可持续性和环境友好性

随着全球环境问题的日益突出，材料的可持续性和环境友好性成为材料选择的重要考量因素之一。在增材制造领域，选择符合可持续发展理念和环保要求的材料不仅有助于减少对环境的负面影响，还可以提高产品的市场竞争力和社会认可度。

首先，可持续性是指材料在其生命周期内对资源的合理利用和能源的有效利用，以及对环境和生态系统的影响能够得到有效控制和减少。选择可持续性高的材料意味着能够减少对有限资源的消耗，降低能源消耗和排放，从而减少对环境的负面影响。

例如，可再生材料和生物降解材料具有较高的可持续性，可以有效地减少对化石能源的依赖，降低对环境的污染。

其次，环境友好性是指材料在制造、使用和废弃过程中对环境的影响能够得到有效控制和减少，不会对人体健康和生态系统造成危害。选择环境友好的材料可以降低对环境的污染和生态系统的破坏，保护生物多样性和生态平衡。例如，挥发性有机物（VOCs）和无毒无害的材料可以减少有害气体的排放，降低室内空气污染和健康风险。

在增材制造过程中，选择可持续性高、环境友好的材料不仅有助于减少制造过程中的能源消耗和排放，还可以降低产品的环境足迹和碳排放量，提高企业的社会责任感和可持续发展能力。同时，这也符合现代消费者对绿色环保产品的追求和市场需求，有利于提升产品的市场竞争力和品牌形象。

最后，材料选择对增材制造性能的影响不仅包括其物理化学性质和加工性能，还涉及其可持续性和环境友好性。在实际应用中，我们需要综合考虑这些因素，并根据具体的制造要求和环保标准，选择最适合的材料进行增材制造，实现经济、环保和社会效益的统一。

三、材料性能的优化与提升方法

材料选择是增材制造过程中至关重要的一环，直接影响着最终打印产品的质量、性能及适用范围。不同类型的材料具有不同的物理、化学和机械特性，因此在选择材料时我们需要考虑到所需产品的特定要求和应用场景。下面我们将探讨材料选择对增材制造性能的影响，并分析不同材料类型的特性。

（一）金属材料的选择

金属材料在增材制造中应用广泛，常见的金属材料包括不锈钢、钛合金、铝合金等。不同金属材料的选择对增材制造性能有着显著影响，主要体现在以下几个方面：

1. 机械性能

强度：不同金属材料的强度各不相同，选择合适的金属材料可以确保最终产品具有足够的强度和刚度，以满足特定应用场景的要求。例如，钛合金具有较高的强度和刚度，适用于制造高强度零件，而铝合金则适用于轻量化设计。

韧性：金属材料的韧性决定了其在受力过程中的变形能力和抗冲击性能。在某些应用场景下，我们需要选择具有良好韧性的金属材料，以确保产品在受到外力作用时不易发生断裂或变形。

2. 耐腐蚀性

增材制造的产品可能用于各种恶劣环境下，因此材料的耐腐蚀性是一个重要考量因素。例如，在海水环境中使用的零件需要具有良好的耐海水腐蚀性能，因此不锈钢等耐腐蚀性能较好的金属材料是首选。

3. 加工性能

金属材料的加工性能对增材制造过程的稳定性和效率有着重要影响。一些金属材料可能具有较高的熔点或氧化倾向，导致在增材制造过程中出现困难或质量不稳定的问题。因此，在选择金属材料时我们需要考虑其加工性能，以确保打印过程的顺利进行。

4. 成本因素

金属材料的成本也是影响材料选择的重要因素之一。不同金属材料的价格差异较大，根据产品的具体要求和预算限制，选择合适的金属材料可以在保证产品性能的前提下降低生产成本。

（二）塑料类材料的选择

塑料类材料是增材制造中应用最广泛的一类材料，具有成本低、加工性好、适应性强等优点。常见的塑料类材料包括聚合物、光固化树脂等。不同塑料类材料的选择对增材制造性能影响较大，主要表现在以下几个方面：

1. 机械性能

塑料类材料的强度和韧性因材料类型不同而有所差异。一些工程塑料具有较高的强度和韧性，适用于制造要求较高的结构件；而一些通用塑料则适用于制造轻质、非结构性的零部件。

2. 耐热性和耐化学性

一些塑料材料具有良好的耐热性和耐化学性能，适于在高温或腐蚀性环境中应用。在选择塑料类材料时，我们需要根据实际应用场景考虑其耐热性和耐化学性，以确保产品在使用过程中不易发生变形或损坏。

3. 加工性能

塑料类材料通常具有良好的加工性能，可以通过热熔或光固化等方式进行加工。选择适合的塑料类材料可以提高打印过程的稳定性和效率，同时保证产品的质量和表面光洁度。

4. 成本因素

塑料类材料通常具有较低的成本，因此在产品设计和材料选择过程中，成本因素往往是一个重要考虑因素。根据预算限制和产品性能要求，选择合适的塑料类材料可以在保证产品质量的同时降低生产成本。

（三）陶瓷类材料的选择

陶瓷类材料具有优异的耐高温性、耐磨性和化学稳定性，适用于特殊环境下的应用，如高温、高压和腐蚀性环境。在增材制造中，选择合适的陶瓷材料对产品性能至关重要，其影响因素包括：

1. 耐高温性

陶瓷材料通常具有较高的熔点和热稳定性，适于在高温环境下应用。在选择陶瓷材料时，我们需要考虑其耐高温性能，以确保产品在高温环境中不易发生变形或损坏。

2. 耐磨性

陶瓷材料具有良好的耐磨性，适用于制造需要具有高耐磨性能的零部件。在一些特殊应用场景下，如机械密封件、刀具等，选择陶瓷材料可以提高产品的使用寿命和耐久性。

3. 化学稳定性

陶瓷材料通常具有良好的化学稳定性和耐腐蚀性，适用于腐蚀性介质中的应用。在选择陶瓷材料时，我们需要考虑其对酸碱溶液、化学药剂等的耐腐蚀性，以确保产品在恶劣环境中具有良好的稳定性和耐久性。

4. 加工性能

陶瓷材料通常具有较高的硬度和脆性，加工难度较大。在增材制造过程中，我们需要选择适合加工的陶瓷材料，并采用合适的工艺和设备，以确保打印过程的稳定性和效率。

5. 成本因素

与金属材料和塑料材料相比，陶瓷材料的成本较高。在选择陶瓷材料时，我们需要考虑其成本因素，以确保在产品性能满足要求的前提下降低生产成本。

综上所述，材料选择对增材制造性能具有重要影响，不同类型的材料具有不同的特性和优势。在选择材料时，我们需要综合考虑产品的特定要求、应用场景和预算限制，以选择最适合的材料，并通过优化工艺和参数，实现增材制造技术的最佳性能表现。

第三节　设计软件与建模技术

一、增材制造设计软件的选择与使用

增材制造（AM）是一种以逐层堆叠材料的方式制造零件的先进制造技术，广泛应用于航空航天、汽车制造、医疗器械等领域。在进行增材制造之前，我们需要使用专门的设计软件对零件进行设计和准备，以确保最终产品的质量和性能。下面我们将探讨增材制造设计软件的选择与使用，以及其在增材制造过程中的重要性和作用。

（一）设计软件的选择

选择合适的增材制造设计软件是实现成功的增材制造过程的关键一步。在选择设计软件时，我们需要考虑以下几个方面：

1. 兼容性

文件格式兼容性：设计软件需要支持常见的 3D 文件格式，如 STL、STEP、IGES 等，以便与增材制造设备和其他 CAD/CAM 软件进行兼容。

设备兼容性：设计软件需要与所使用的增材制造设备兼容，能够生成设备可读的文件格式，并支持设备特定的功能和工艺参数设置。

2. 功能和工具

设计功能：设计软件需要提供丰富的建模和设计功能，包括创建、编辑、修复几何模型等功能，以满足不同零件的设计需求。

支持结构设计：一些先进的增材制造设计软件提供了支持结构优化和生成的功能，可以帮助优化零件结构并减少材料使用量。

3. 用户界面和易用性

用户界面：设计软件的用户界面应简洁直观，易于操作和上手，提供良好的用户体验。

培训和支持：设计软件的提供方应提供相关的培训和技术支持，帮助用户快速上手并解决在使用过程中遇到的问题。

4. 成本和许可

软件成本：选择合适的设计软件需要考虑其成本因素，包括软件的购买费用、许可费用、升级费用等。

许可类型：设计软件通常提供不同类型的许可，如永久许可、订阅许可等，根据实际需求选择合适的许可类型。

（二）常用设计软件

针对增材制造，有一些常用的设计软件被广泛应用于行业中，其中包括但不限于以下几种：

1. Autodesk Fusion 360

功能：Autodesk Fusion 360 是一款综合的 CAD/CAM/CAE 软件，具有丰富的建模和设计功能，支持直接对增材制造零件进行建模和准备。

兼容性：支持常见的 3D 文件格式，并与大多数增材制造设备兼容。

2. SolidWorks

功能：SolidWorks 是一款功能强大的 CAD 软件，提供丰富的建模、装配和绘图功能，适用于各种复杂零件的设计和准备。

兼容性：SolidWorks 支持多种文件格式，可与增材制造设备兼容。

3. Siemens NX

功能：Siemens NX 是一款综合的 CAD/CAM/CAE 软件，具有先进的建模和仿真功能，适用于复杂零件的设计和准备。

兼容性：Siemens NX 支持多种文件格式，并与多种增材制造设备兼容。

4. Materialise Magics

功能：Materialise Magics 是一款专门用于增材制造的软件，提供了丰富的修复、优化和准备功能，适用于增材制造过程中的各个环节。

兼容性：Materialise Magics 支持常见的 3D 文件格式，并与多种增材制造设备兼容。

（三）设计软件的使用

设计软件的使用涉及以下几个方面：

1. 设计零件

使用设计软件创建或编辑要进行增材制造的零件模型，包括几何建模、装配、修复等过程。

2. 优化结构

根据设计要求和实际生产情况，优化零件结构和几何形状，以提高产品性能和降低生产成本。

3. 准备工艺

使用设计软件对零件进行工艺准备，包括支撑结构的生成、材料和工艺参数的设置等，以确保打印过程的顺利进行。

4. 导出文件

将设计好的零件模型导出为适合增材制造设备的文件格式，如 STL、AMF 等，以进行后续的打印和制造。

5. 调整和优化

根据实际生产过程中的反馈和结果，对设计进行调整和优化，以进一步提高产品质量和生产效率。

增材制造设计软件的选择与使用对于实现成功的增材制造过程至关重要。在选择设计软件时，我们需要考虑其兼容性、功能和工具、用户界面和易用性、成本和许可等方面。常用的设计软件包括 Autodesk Fusion 360、SolidWorks、Siemens NX 和 Materialise Magics 等，它们具有丰富的功能和广泛的应用领域。

在使用设计软件时，首先我们需要进行零件的设计和建模，确保零件的几何形状和结构满足设计要求。随后，我们可以对零件进行结构优化和工艺准备，包括支撑结构的生成、材料和工艺参数的设置等。设计软件还可以帮助用户对零件进行调整和优化，以提高产品的性能和生产效率。

除了上述常用的设计软件之外，还有许多其他专门针对增材制造的设计软件和工具，如 Netfabb、SpaceClaim、Meshmixer 等，它们提供了更多针对增材制造过程的特殊功能和工具，能够进一步提高产品的质量和生产效率。

在实际应用中，设计软件的选择和使用需要结合具体的应用场景和需求进行。同时，设计软件的使用也需要一定的技术培训和实践经验，以确保能够熟练运用软件的各项功能和工具，实现设计目标并最大限度地发挥增材制造技术的优势。

总的来说，增材制造设计软件的选择与使用是增材制造过程中至关重要的一环，它直接影响着最终产品的质量、性能和生产效率。通过选择合适的设计软件，并合理利用其功能和工具，我们可以实现高效、精确和可靠的增材制造过程，为各个领域的产品设计和制造带来更多可能性和机遇。随着增材制造技术的不断发展和完善，相信设计软件也会越来越多样化和专业化，为增材制造行业的发展注入新的活力和动力。

二、三维建模技术与原理

三维建模技术是现代制造业中的关键技术之一，它通过使用计算机辅助设计软件，将现实世界中的物体或场景模拟成三维数字模型。这些模型可以用于产品设计、工程分析、虚拟仿真等多个领域。下面我们将探讨三维建模的基本原理、常见方法及应用场景。

（一）三维建模的基本原理

三维建模的基本原理是将现实世界中的物体或场景转换为数字化的三维模型。其核心思想是利用数学和计算机图形学的原理，通过将物体分解为多个几何形状，然后在三维空间中组合这些形状，以重现物体的外观和结构。具体来说，三维建模的基本原理包括以下几个方面：

1. 几何表示

在三维建模中，物体通常被表示为一系列的几何形状，如点、线、面、体等。这些几何形状可以通过数学方程或参数化表示来描述其位置、大小、形状等特征。

2. 几何变换

通过对几何形状进行平移、旋转、缩放等几何变换操作，我们可以改变物体的位置、方向和大小，从而实现对物体的形态调整和变换。

3. 曲面建模

曲面建模是一种常用的三维建模方法，它通过对曲线、曲面进行建模和组合，实现对复杂曲面的描述和重建。常用的曲面建模方法包括 B 样条曲线、NURBS 曲面等。

4. 实体建模

实体建模是一种基于物体的实际几何体积进行建模的方法，它通过对立体几何体进行组合和操作，实现对实体物体的建模和描述。常用的实体建模方法包括边界表示法和体素建模法等。

5. 材质和纹理

除了物体的几何形状外，三维建模还需要考虑物体的材质和纹理等表面特征。通过为物体赋予不同的材质和纹理，我们可以实现对物体的视觉效果和质感的模拟和表现。

（二）常见的三维建模方法

在实际应用中，有多种不同的三维建模方法，包括：

1. 手工建模

手工建模是一种传统的三维建模方法，它通过手工雕刻、模型拼装等手工操作，将物体逐步建模成三维形态。这种方法适用于对细节要求不高、简单形状的物体建模，但效率较低且精度有限。

2. 参数化建模

参数化建模是一种基于参数化几何模型的建模方法，它通过调整模型的参数值，实现对模型的形态和尺寸的调整和变化。这种方法适用于对模型形态变化频繁、需要快速设计和修改的场景。

3. 曲面建模

曲面建模是一种基于曲线、曲面进行建模的方法，它通过对曲线、曲面进行调整和组合，实现对复杂曲面的建模和描述。这种方法适用于需要对曲面进行精细调整和控制的场景。

4. 实体建模

实体建模是一种基于实体几何体进行建模的方法，它通过对实体几何体进行组合和操作，实现对实体物体的建模和描述。这种方法适用于对物体内部结构和体积进行建模的场景。

5. 扫描建模

扫描建模是一种基于物体实际形态进行扫描和重建的建模方法，它通过使用三维扫描仪等设备对物体进行扫描，然后利用扫描数据进行建模和重建。这种方法适用于需要对实际物体进行快速建模的场景。

（三）三维建模的应用场景

三维建模技术在各个领域都有广泛应用，包括但不限于以下几个方面：

1. 产品设计与制造

在产品设计与制造领域，三维建模技术被广泛应用于产品设计、工程分析、虚拟仿真等环节。它可以帮助设计师快速创建和修改产品模型，优化产品结构和性能，并进行工程分析和预测。

2. 建筑设计与规划

在建筑设计与规划领域，三维建模技术可以帮助建筑师和规划师创建建筑模型、城市规划模型等，实现对建筑和城市空间的可视化和仿真，从而指导建筑设计和城市规划的决策和实践。

3. 游戏开发与动画制作

在游戏开发与动画制作领域，三维建模技术是不可或缺的工具。游戏开发者和动画制作人员可以利用三维建模技术创建游戏角色、场景、道具等元素，以及制作高质量的动画效果。这使得游戏和动画作品更具视觉吸引力和真实感，提升了用户体验。

4. 医疗领域

在医疗领域，三维建模技术被广泛应用于医学影像处理、手术规划、生物模拟等方面。医生和医学研究人员可以利用三维建模技术对患者的身体器官进行建模和分析，实现精准诊断和治疗，同时也可以用于医学教育和培训。

5. 艺术创作与文化保护

在艺术创作与文化保护领域，三维建模技术为艺术家和文化保护人员提供了创作和保护作品的新方式。艺术家可以利用三维建模技术进行雕塑、雕刻等艺术创作，文化保护人员可以利用三维建模技术对文物进行数字化保护和展示。

6. 教育和培训

三维建模技术在教育和培训领域也有着广泛应用。教育者可以利用三维建模技术为学生提供更生动、直观的教学内容，增强学生的学习兴趣和理解能力。同时，三维建模技术也可以用于各种培训课程和实践项目，帮助学员掌握实际操作技能。

7. 虚拟现实与增强现实

在虚拟现实（VR）和增强现实（AR）领域，三维建模技术是实现虚拟场景和虚拟体验的基础。开发者可以利用三维建模技术创建逼真的虚拟环境和虚拟物体，为用户提供沉浸式的体验和互动。

三维建模技术是现代制造业、设计行业和科学研究领域中的重要工具和资源。通过将现实世界中的物体和场景数字化成三维模型，三维建模技术为各个领域的创新和发展提供了新的可能性和机会。随着计算机技术和图形学的不断进步，三维建模技术也在不断演进和完善，为人们创造出更加丰富、真实的数字化世界。

三、设计软件与建模技术在增材制造中的应用

增材制造技术的快速发展正在改变着制造业的格局，而设计软件与建模技术在增材制造过程中的应用更是推动了这一变革的发展。下面我们将探讨设计软件与建模技术在增材制造中的应用，并分析其在产品设计、工艺优化、生产效率提升等方面所发挥的重要作用。

（一）设计软件在增材制造中的应用

设计软件在增材制造中扮演着关键的角色，它们提供了丰富的功能和工具，帮助设计师们将想法转化为现实的产品。以下是设计软件在增材制造中的主要应用方面：

1. 三维建模与设计

设计软件通常提供强大的三维建模功能，可以帮助用户创建复杂的产品模型。设计师可以利用这些功能进行产品的创意设计、形态优化及结构分析，以满足不同行业的需求。

2. 拓扑优化与结构设计

通过拓扑优化技术，设计软件可以帮助用户优化产品的结构布局，减少材料的使用量，提高产品的性能。这对于增材制造而言尤为重要，因为它可以帮助设计师在不影响产品功能的前提下，实现轻量化设计。

3. 支撑结构生成

在增材制造过程中，支撑结构的设计和生成是至关重要的一环。设计软件可以根据用户设置的参数和工艺要求，自动生成合适的支撑结构，确保打印过程的稳定性和成功率。

4. 文件导出与打印准备

设计软件通常支持各种文件格式的导出，如 STL、AMF 等，这些文件格式是增材制造设备所需的标准输入格式。设计师可以利用设计软件将产品模型导出为合适的文件格式，并进行打印准备，包括设置打印参数、布局优化等。

5. 可视化与仿真分析

设计软件通常还提供可视化和仿真分析功能，帮助用户直观地了解产品的外观和性能。通过这些功能，设计师可以在设计阶段就对产品进行全面评估和验证，减少后期的修改和调整。

（二）建模技术在增材制造中的应用

除了设计软件，建模技术也是增材制造过程中不可或缺的一部分。建模技术可以

帮助设计师们更加高效地创建和优化产品模型，提高产品的设计质量和生产效率。以下是建模技术在增材制造中的主要应用方面：

1. 参数化建模

参数化建模是一种基于参数化几何模型的建模方法，它通过调整模型的参数值，实现对模型的形态和尺寸的快速调整和变化。在增材制造中，参数化建模可以帮助设计师快速生成不同尺寸和形态的产品模型，适应不同的需求和场景。

2. 曲面建模

曲面建模是一种基于曲线、曲面进行建模的方法，它通过对曲线、曲面进行调整和组合，实现对复杂曲面的建模和描述。在增材制造中，曲面建模可以帮助设计师创建复杂的产品外观和结构，提高产品的设计精度和美观度。

3. 实体建模

实体建模是一种基于实体几何体进行建模的方法，它通过对实体几何体进行组合和操作，实现对实体物体的建模和描述。在增材制造中，实体建模可以帮助设计师们准确描述产品的内部结构和外部特征，实现对产品的全面建模。

4. 扫描建模

扫描建模是一种基于物体实际形态进行扫描和重建的建模方法，它通过使用三维扫描仪等设备对物体进行扫描，然后利用扫描数据进行建模和重建。在增材制造中，扫描建模可以帮助设计师快速获取现实物体的数字化模型，用于后续的设计和制造。

（三）设计软件与建模技术的整合应用

设计软件与建模技术的整合应用是增材制造过程中的关键环节。通过将设计软件和建模技术相结合，设计师们可以充分利用各自的优势，实现对产品的全面建模和优化。具体来说，设计软件提供了丰富的建模和设计功能，帮助设计师创建和编辑产品模型；而建模技术则提供了多种建模方法和技术，帮助设计师更加高效地进行建模和优化。两者的整合应用可以极大地提高产品的设计质量和生产效率，推动增材制造技术的进一步发展。

设计软件与建模技术在增材制造过程中的应用发挥着至关重要的作用，它们共同构成了增材制造的关键环节之一。通过设计软件的功能和建模技术的技术手段，设计师和工程师们可以更加高效地进行产品设计、工艺优化和生产准备，从而实现增材制造过程的精确控制和高质量生产。

设计软件的应用不仅仅限于产品的外观设计，更包括了对产品内部结构、材料选择、工艺参数等方面的考量。通过设计软件，我们可以进行虚拟仿真、结构优化等操作，从而在设计阶段就能够预见并解决可能出现的问题，提高产品的设计质量和生产效率。而建模技术则为设计软件提供了丰富的建模手段和技术支持，使得设计师能够更加灵活地进行模型创建和调整，满足不同产品和工艺的需求。

在增材制造领域，设计软件与建模技术的整合应用可以体现在多个方面：

1. 产品定制与个性化设计

增材制造技术的灵活性使得产品定制和个性化设计成为可能。设计软件可以根据客户的需求快速创建并修改产品模型，建模技术可以帮助设计师们更加准确地进行模型调整和优化，从而实现对产品的个性化定制，满足不同客户的需求。

2. 模拟与优化

设计软件提供了丰富的仿真分析功能，可以对产品的结构、性能、工艺参数等进行模拟和优化。建模技术可以帮助设计师们创建符合仿真需求的模型，从而实现对产品设计和工艺流程的优化，提高产品的质量和生产效率。

3. 快速原型制作与小批量生产

增材制造技术的快速性和灵活性使得快速原型制作和小批量生产成为可能。设计软件可以帮助设计师们快速创建并修改产品模型，建模技术可以帮助设计师们实现对模型的快速建模和调整，从而实现对产品的快速原型制作和小批量生产，缩短产品的开发周期和上市时间。

4. 智能化生产与工艺优化

设计软件与建模技术的整合应用还可以实现智能化生产和工艺优化。通过对产品模型和工艺流程的数字化建模和仿真分析，我们可以实现对生产过程的智能监控和优化，提高生产效率和产品质量。

综上所述，设计软件与建模技术在增材制造中的应用不仅为产品设计与制造提供了强大的支持和技术保障，同时也推动了增材制造技术的不断发展和完善。随着设计软件和建模技术的不断创新和进步，相信它们将继续在增材制造领域发挥重要的作用，为制造业的转型升级和创新发展注入新的活力和动力。

第四节 材料沉积过程与参数控制

一、材料沉积的基本过程与原理

增材制造作为一种革命性的制造技术，其核心过程之一是材料沉积。材料沉积是指将材料层层堆积、沉积到目标表面，逐步构建出三维实体的过程。下面我们将探讨材料沉积的基本过程与原理，深入理解材料沉积技术的工作原理及其在增材制造中的应用。

（一）材料沉积的基本过程

材料沉积是增材制造技术中最核心的工艺之一，其基本过程可分为以下几个步骤：

1. 设计准备

在进行材料沉积之前，首先需要进行设计准备工作。这包括确定所需构件的 CAD 模型，设置好材料的沉积路径和参数，并进行切片处理，将 CAD 模型切分成一系列的薄层。

2. 材料供给

材料供给是材料沉积的第一步，需要将加工材料提供给加工设备。通常使用的加工材料包括金属粉末、塑料丝材料等，这些材料会通过进料系统输送到加工设备的加工区域。

3. 沉积加工

在沉积加工阶段，加工设备会根据预先设置的路径和参数，将材料一层层地沉积到工件表面。这通常通过熔化或固化的方式完成，例如使用激光束或电子束对金属粉末进行熔化沉积，或使用热塑性材料的热流进行熔融沉积。

4. 层间黏接

每一层的沉积完成后，需要确保不同层之间能够良好地黏接在一起，形成一个完整的结构。这通常通过热源或黏合剂等方法来实现，确保层间的黏接强度和密实度。

5. 层间支撑

在某些情况下，加工过程中的热变形或残余应力等，可能会导致构件变形或塌陷。为了防止这种情况发生，我们通常会在构件内部添加支撑结构，以支撑构件的形状并减少变形。

6. 后处理

材料沉积完成后，通常还需要进行一些后处理工艺，如去除支撑结构、表面抛光、热处理等，以提高构件的表面质量和性能，并满足特定的工程要求。

（二）材料沉积的原理

材料沉积的基本原理是将材料以一定的形式沉积到工件表面，然后逐层堆积，最终构建出三维实体。其核心原理包括以下几个方面：

1. 熔化沉积原理

熔化沉积是一种常见的材料沉积方式，其原理是利用高能源（如激光束、电子束等）将加工材料局部加热至熔化或半熔化状态，然后将熔化的材料沉积到工件表面，形成一层固化的材料，通过不断重复这一过程，逐层堆积，我们最终构建出三维实体。

2. 粉末沉积原理

粉末沉积是一种常见的金属增材制造技术，其原理是将金属粉末喷射到工件表面，并通过热源（如激光束、电子束等）将其熔化或固化，形成一层固化的金属材料，通过不断重复这一过程，逐层堆积，我们最终构建出三维实体。

3. 熔敷沉积原理

熔敷沉积是一种常见的焊接修复技术，其原理是利用焊接热源将焊丝或焊粉熔化，并将熔化的材料喷射到工件表面，形成一层固化的焊接层。通过不断重复这一过程，我们可以修复工件表面的缺陷或增加其尺寸。

4. 光固化原理

光固化是一种常见的光敏材料沉积技术，其原理是利用紫外光源照射光敏材料，使其发生化学反应并固化成固体，然后逐层堆积构建出三维实体。这种方法通常应用于光敏树脂等材料的沉积加工中。

5. 选择性沉积原理

选择性沉积是指根据设计要求和路径，选择性地沉积材料到工件表面，形成预定的几何形状和结构。其原理是通过控制加工设备的运动路径和加工参数，使其在特定位置和方向上进行沉积，从而实现对构件的精确控制和定制化制造。

（三）材料沉积的应用

材料沉积技术作为增材制造的核心过程之一，具有广泛的应用场景，涵盖了许多不同的行业和领域。以下是材料沉积技术在各个领域的应用示例：

1. 制造业

在制造业中，材料沉积技术被广泛应用于快速原型制作、定制化生产和小批量生产等方面。通过材料沉积技术，我们可以快速、灵活地制造出各种复杂形状的零部件和组件，满足不同客户的需求。

2. 航空航天

在航空航天领域，材料沉积技术被用于制造复杂结构的航空零部件和航天器件。通过材料沉积技术，我们可以实现对材料的精确控制和构件的精确制造，提高产品的性能和可靠性。

3. 医疗保健

在医疗保健领域，材料沉积技术被用于制造人体植入物、义肢、医疗器械等产品。通过材料沉积技术，我们可以根据患者的个体化需求定制医疗产品，提高治疗效果和患者的生活质量。

4. 汽车制造

在汽车制造领域，材料沉积技术被用于制造汽车零部件和汽车组件。通过材料沉积技术，我们可以实现对汽车零部件的精确制造和快速交付，提高汽车制造的效率和灵活性。

5. 能源行业

在能源行业中，材料沉积技术被用于制造能源设备和零部件，如风力发电机叶片、太阳能电池组件等。通过材料沉积技术，我们可以实现对能源设备的高效制造和定制化生产，提高能源利用效率和减少能源浪费。

6. 文化艺术

在文化艺术领域，材料沉积技术被用于制造艺术品、雕塑、模型等作品。通过材料沉积技术，艺术家可以实现对艺术作品的精确制造和个性化定制，展现出更多的创意和想象力。

综上所述，材料沉积技术作为增材制造的核心技术之一，在制造业、航空航天、医疗保健、汽车制造、能源行业、文化艺术等领域都有着广泛的应用前景。随着材料沉积技术的不断创新和发展，相信它将会在未来的增材制造领域发挥越来越重要的作用，为各个行业的发展带来新的机遇和挑战。

二、沉积过程中的关键参数及其控制

增材制造中的沉积过程是实现产品构建的核心步骤之一。在沉积过程中，各种关键参数的控制对于最终构件的质量、性能和几何精度具有重要影响。下面我们将探讨

沉积过程中的关键参数及其控制方法，以便更好地理解和优化增材制造过程。

（一）关键参数

在沉积过程中，影响构件质量的关键参数包括但不限于：

1. 温度

温度是影响材料熔化、流动和固化的重要参数。在沉积过程中，我们需要控制加热区域的温度，以确保材料能够达到合适的熔化温度，并在固化后达到所需的性能。

2. 加工速度

加工速度是指沉积头在加工过程中的移动速度。过高或过低的加工速度都会影响构件表面质量和成形精度。因此，我们需要根据材料性质和构件要求合理调节加工速度。

3. 激光功率/电子束功率

对于采用激光或电子束熔化材料的沉积过程而言，激光功率或电子束功率的大小直接影响材料的熔化和热输入。过高的功率可能导致材料烧结或气孔生成，而过低的功率则可能造成不完全熔化或沉积不良。

4. 激光扫描速度/电子束扫描速度

激光扫描速度或电子束扫描速度决定了激光或电子束在工件表面的停留时间，直接影响了沉积区域的温度分布和熔化情况。合理控制扫描速度可以保证沉积过程的稳定性和成形质量。

5. 材料流量/喷嘴速度

对于粉末喷射式沉积技术而言，材料流量和喷嘴速度是重要参数之一。适当的材料流量和喷嘴速度可以确保材料均匀地喷射到工件表面，避免出现材料不足或过量的情况。

6. 层厚

层厚是指每一层沉积后的厚度。层厚的选择直接影响构件的成形速度和表面粗糙度。通常情况下，较小的层厚可以获得更高的成形精度，但会增加加工时间。

7. 层间温度控制

在多层沉积过程中，我们需要控制不同层之间的温度，以确保上一层沉积完全固化后才进行下一层的沉积。这有助于避免层间界面的不良黏结和构件变形。

（二）参数控制方法

针对上述关键参数，我们可以采取以下控制方法：

1. 实时监测与反馈控制

通过在沉积过程中实时监测温度、加工速度、功率等参数，并利用反馈控制系统调整沉积过程中的相关参数，以实现对沉积过程的动态控制和调节。

2. 预热与预制热控制

在开始沉积过程之前，对工件或工作台进行预热处理，以提高材料的熔化性能和流动性，并保持沉积过程中的温度稳定性。

3. 多参数协同控制

综合考虑各个参数之间的相互作用关系，通过优化设计控制策略，实现多参数协同控制，以获得最佳的沉积效果和构件质量。

4. 智能化控制系统

采用智能化的控制系统，通过人工智能、机器学习等技术，对沉积过程进行实时监测、分析和优化，自动调节相关参数，提高沉积过程的稳定性和准确性。

5. 精确的喷射和扫描控制

针对粉末喷射和激光扫描等关键环节，采用精确的喷射和扫描控制技术，确保材料的均匀喷射和激光的准确扫描，以获得高质量的沉积结果。

（三）参数优化与调整

在实际沉积过程中，我们往往需要根据具体工件的要求和材料特性进行参数的优化与调整。我们可以通过实验研究、数值模拟和工艺经验等方法，逐步确定最佳的沉积参数组合，以实现对构件质量和性能的最优化控制。

1. 实验研究

通过实验研究，我们可以系统地调整和优化沉积过程中的各项参数，以找到最佳的参数组合。通过设计实验方案、采集数据和分析结果，我们可以深入了解各个参数对构件质量的影响，并找到最优的参数设置。

2. 数值模拟

利用数值模拟软件对沉积过程进行建模和仿真，可以预测不同参数组合下的沉积效果，并优化参数设置。数值模拟可以模拟沉积过程中的温度分布、熔化情况、残余应力等关键参数，为实际沉积过程提供重要参考。

3. 工艺经验

借鉴和积累工艺经验也是优化参数的重要途径。通过对历史沉积数据的分析和总结，我们可以得到一些经验规律和最佳实践，指导实际沉积过程中的参数设置和调整。

4. 参数联动优化

在参数优化过程中，我们需要综合考虑各个参数之间的相互影响和协同作用。有时候，优化一个参数可能会对其他参数产生影响，因此需要进行参数联动优化，以实现整体的优化效果。

5. 实时监测与调整

在实际沉积过程中，我们需要不断监测沉积过程中的关键参数，并根据监测结果及时调整参数。通过实时监测和调整，我们可以保证沉积过程的稳定性和一致性，获得高质量的沉积结果。

综上所述，沉积过程中的关键参数及其控制对于增材制造过程的质量和效率具有重要影响。通过合理选择和优化参数，结合实验研究、数值模拟、工艺经验等方法，我们可以实现对沉积过程的精确控制和优化，为增材制造技术的发展和应用提供重要支撑。

三、参数优化对增材制造性能的影响

增材制造作为一种革命性的制造技术，在工业领域得到了广泛应用。在增材制造过程中，各种参数的优化对于最终产品的性能具有重要影响。下面我们将探讨参数优化对增材制造性能的影响，并分析不同参数对构件质量、成形精度、材料性能等方面的影响。

（一）温度参数优化对性能的影响

1. 熔化温度

优化熔化温度可以影响材料的熔化性能和流动性，进而影响构件的密实度和表面质量。过高的熔化温度可能导致材料过热和气孔的产生，而过低的熔化温度则可能造成材料不完全熔化和黏结不良。

2. 预热温度

优化预热温度可以改善材料的热传导性和流动性，有助于减少构件的残余应力和变形。适当提高预热温度可以促进材料的熔化和流动，提高构件的表面质量和成形精度。

3. 层间温度控制

优化层间温度控制可以避免层间界面的不良黏结和构件的变形。通过控制不同层之间的温度差，我们可以提高构件的层间黏结强度和一致性，进而提高构件的整体性能和可靠性。

（二）速度参数优化对性能的影响

1. 加工速度

优化加工速度可以影响构件的成形速度和表面质量。适当提高加工速度可以缩短构件的制造周期，但过高的加工速度可能导致表面粗糙度增加和成形精度降低。

2. 扫描速度

优化扫描速度可以影响激光或电子束在工件表面的停留时间，进而影响沉积区域的温度分布和熔化情况。合理控制扫描速度可以提高沉积过程的稳定性和成形质量。

（三）其他参数优化对性能的影响

1. 层厚

优化层厚可以影响构件的成形速度和表面粗糙度。较小的层厚可以获得更高的成形精度，但会增加加工时间和成本。

2. 材料流量

优化材料流量可以影响粉末喷射式沉积技术中的喷射均匀性和材料利用率。适当的材料流量可以确保材料均匀地喷射到工件表面，避免出现材料不足或过量的情况。

3. 层间支撑结构

优化层间支撑结构可以影响构件的形状精度和内部结构的稳定性。合理设计和布

置支撑结构可以避免构件变形和残余应力的积累，提高构件的整体性能和可靠性。

通过对温度、速度和其他参数的优化，我们可以实现增材制造过程的精确控制和优化，进而提高构件的质量、性能和成形精度。优化参数对于增材制造性能的影响是综合的，需要综合考虑不同参数之间的相互关系和作用，以实现整体性能的最优化。在实际应用中，我们需要根据具体的工件要求和材料特性，通过实验研究、数值模拟和工艺经验等方法，不断优化和调整参数，以获得最佳的增材制造性能和效果。

第五节　增材制造工艺流程与步骤

一、增材制造的完整工艺流程

增材制造是一种通过逐层堆积材料来构建物体的制造技术，它具有很高的灵活性、精确性和可定制性。增材制造的工艺流程涉及多个环节和步骤，下面我们将对其完整的工艺流程进行详细介绍，以便更好地理解这一先进制造技术的全貌。

（一）设计与建模

增材制造的工艺流程始于设计与建模阶段。在这个阶段，工程师使用计算机辅助设计软件进行产品设计和建模。设计师可以根据产品的形状、尺寸和功能要求，绘制出三维模型，并进行必要的优化和调整。设计过程中需要考虑到材料的特性、制造工艺的限制及最终产品的应用场景。

1. 设计需求分析
确定产品的功能、性能和外观要求，了解客户需求和市场趋势。

2. CAD 建模
利用 CAD 软件进行三维建模，绘制出产品的几何形状和结构。

3. 优化设计
根据设计要求和制造工艺的特点，对设计进行优化和调整，提高产品的性能和生产效率。

（二）准备工作

在进入实际制造阶段之前，我们需要进行一系列准备工作，以确保制造过程的顺利进行。

1. 材料选择
根据产品的要求和设计规范，选择合适的增材制造材料，包括金属粉末、塑料丝材料等。

2. 制造设备准备
准备好增材制造设备，包括 3D 打印机、激光烧结设备等，并进行设备的调试和检查。

3. 制造环境准备

确保制造环境的清洁、安全和稳定，包括温度、湿度、气压等参数的控制。

（三）制造加工

制造加工是增材制造的核心环节，它涉及材料的沉积、熔化和固化等过程，根据不同的增材制造技术，制造加工可以分为以下几种方式：

1. 激光烧结

激光烧结是一种常用的增材制造技术，它利用激光束将粉末材料层层烧结成实体构件。在制造加工过程中，激光束逐层扫描材料表面，使粉末材料局部熔化并与下一层粉末黏结。

2. 电子束烧结

电子束烧结与激光烧结类似，但使用的是电子束而不是激光束。电子束烧结具有更高的能量密度和更快的加工速度，适用于制造高温合金等材料。

3. 熔融沉积成型

熔融沉积成型是一种将材料直接熔化喷射到工件表面的增材制造技术。通过控制喷嘴的运动和熔化材料的流量，我们可以实现对构件形状的精确控制和定制化制造。

4. 3D 打印

3D 打印是一种将材料逐层堆积成形的增材制造技术，通常使用的材料包括塑料、树脂、金属等。通过控制打印头的运动和材料的流量，我们可以实现对构件的高精度制造。

（四）后处理与表面处理

制造加工完成后，我们还需要进行一系列的后处理工作，以提高构件的表面质量和性能。

1. 支撑结构去除

将制造过程中产生的支撑结构去除，清洁构件表面。

2. 表面处理

进行表面处理工艺，包括打磨、喷涂、抛光等，以改善构件的表面质量和外观。

3. 热处理

对金属构件进行热处理，以改善材料的力学性能和组织结构。

（五）检验与质量控制

最后，我们需要对制造完成的构件进行检验和质量控制，以确保其符合设计要求和产品标准。

1. 尺寸测量

对构件的尺寸、几何形状等进行测量和检验，确保其与设计要求相符。

2. 材料分析

对构件的材料成分、显微结构等进行分析和检验，确保其满足产品标准和性能要求。

3. 功能测试

对构件的功能进行测试和验证，确保其在实际应用中能够正常运行。

（六）文档记录与存档

完成制造加工和质量检验后，我们需要对整个制造过程进行文档记录和存档，以备将来参考和追溯。

1. 制造记录

记录制造过程中的关键参数、操作步骤和事件，以及质量检验结果和异常情况。

2. 质量报告

生成质量报告，包括构件的尺寸、材料成分、力学性能等信息，用于产品验收和质量控制。

3. 存档管理

将制造记录和质量报告进行存档管理，建立完整的生产档案，以备将来参考和追溯。

增材制造的完整工艺流程涉及多个环节和步骤，从设计与建模到制造加工、后处理与质量控制，每个环节都有着重要的作用。通过合理优化和精密控制各个环节中的参数和工艺条件，我们可以实现对构件的高质量制造，提高制造效率和产品性能。随着增材制造技术的不断发展和成熟，其在航空航天、医疗健康、汽车制造等领域的应用前景将更加广阔，为实现定制化制造、快速响应市场需求提供了有力支撑。

二、各步骤的操作要点与注意事项

增材制造作为一种复杂的制造技术，涉及多个步骤和环节，每个步骤都有其独特的操作要点和注意事项。下面我们将分别介绍增材制造过程中的各个步骤，并详细阐述其操作要点和注意事项，以帮助操作人员更好地掌握增材制造技术。

（一）设计与建模

在增材制造的设计与建模阶段，主要涉及产品的设计和三维建模工作。以下是该阶段的操作要点和注意事项：

操作要点：

1. 设计需求分析：充分了解客户需求和产品功能要求，确定设计目标和约束条件。

2. CAD 建模：使用 CAD 软件进行三维建模，确保模型的准确性和完整性。

3. 优化设计：根据制造工艺和材料特性进行设计优化，提高构件的制造性能和成形精度。

注意事项：

1. 材料选择：在设计阶段考虑材料的特性和制造工艺的限制，避免出现设计与材料不匹配的情况。

2. 几何约束：注意设计中的几何约束和结构限制，避免出现无法制造或难以加工的设计特征。

3. 支撑结构：在设计中考虑支撑结构的添加，以支撑悬空部分，防止出现变形和塌陷。

（二）准备工作

准备工作阶段是为了确保制造过程的顺利进行，包括材料选择、制造设备准备和制造环境准备等。以下是该阶段的操作要点和注意事项：

操作要点：

1. 材料选择：根据产品要求和设计规范选择合适的增材制造材料，包括金属粉末、塑料丝材料等。

2. 制造设备准备：对增材制造设备进行调试和检查，确保设备运行稳定和工作正常。

3. 制造环境准备：控制制造环境的温度、湿度和气压等参数，确保制造过程的稳定性和一致性。

注意事项：

1. 材料存储：合理存储和管理材料，避免材料受潮、受污染或氧化等情况发生。

2. 设备安全：确保制造设备的安全性和稳定性，避免因设备故障导致的生产中断和质量问题。

3. 环境控制：维持制造环境的清洁和稳定，防止外部因素对制造过程的干扰和影响。

（三）制造加工

制造加工阶段是增材制造的核心环节，涉及材料的沉积、熔化和固化等过程。以下是该阶段的操作要点和注意事项：

操作要点：

1. 加工速度控制：控制加工速度，确保沉积过程的稳定性和一致性。

2. 温度控制：优化温度参数，保证材料的熔化和流动性。

3. 层间支撑结构：合理设计和布置支撑结构，防止构件变形和残余应力的积累。

注意事项：

1. 材料均匀性：注意材料的均匀性和一致性，避免材料不均匀导致的构件质量问题。

2. 层间黏结：确保相邻层间的黏结质量，避免出现层间裂纹和热变形。

3. 过程监控：实时监控制造过程中的关键参数，及时调整和优化工艺参数，保证构件的质量和成形精度。

综上所述，各个步骤的操作要点和注意事项对于保证增材制造过程的顺利进行和产品质量的保障至关重要。操作人员需要充分理解和掌握每个步骤的要点和注意事项，并根据实际情况进行灵活应用，以确保制造过程的高效、稳定和可靠。

三、工艺流程的优化与改进方法

工艺流程的优化与改进是增材制造技术持续发展的关键之一。通过不断改进工艺流程，我们可以提高产品质量、降低制造成本、缩短制造周期，从而更好地满足市场需求并推动增材制造技术的应用。下面我们将探讨工艺流程优化与改进的方法，并分别从设计阶段、制造加工阶段和后处理阶段进行讨论。

（一）设计阶段的优化与改进方法

1. 设计优化软件的应用

利用先进的设计优化软件，我们可以对产品进行多种形式的优化设计，例如拓扑优化、参数优化等。通过优化设计，我们可以减少材料的使用量、降低产品的重量、提高结构强度，从而优化整体的制造成本和性能。

2. 智能化设计平台的建立

建立智能化设计平台，集成设计、仿真、优化等功能于一体，实现设计过程的自动化和智能化。通过该平台，我们可以快速生成优化的设计方案，并根据不同的制造需求进行调整，提高设计效率和精度。

3. 材料与工艺数据库的建立

建立全面的材料与工艺数据库，收集整理各类材料的性能参数和制造工艺的技术指标，为设计阶段的材料选择和工艺设计提供参考依据。同时，通过数据分析和挖掘，发现潜在的材料与工艺组合，实现制造工艺的优化和创新。

（二）制造加工阶段的优化与改进方法

1. 先进制造设备的应用

引入先进的增材制造设备，如多光束激光熔化设备、大型快速成型系统等，提高制造效率和成形精度。这些设备具有更高的加工速度、更大的建造尺寸范围、更好的表面质量等优点，可以满足复杂构件的制造需求。

2. 制造工艺参数的优化

通过实验研究和数值模拟，优化制造工艺参数，包括激光功率、扫描速度、层厚等参数，以提高构件的成形质量和制造效率。同时，探索新的制造工艺，如混合成形技术、熔化沉积成形技术等，实现工艺流程的创新和改进。

3. 实时监控与智能化控制

引入实时监控与智能化控制技术，对制造过程中的关键参数进行实时监测和调整，及时发现和纠正制造过程中的问题，确保构件的质量和成形精度。这些技术包括传感器监测、数据采集与分析、智能控制系统等。

（三）后处理阶段的优化与改进方法

1. 自动化后处理设备的应用

引入自动化后处理设备，如自动清洗机、自动喷涂机等，实现后处理过程的自动化和智能化。这些设备具有高效、稳定的特点，可以提高后处理效率和一致性，减少人为操作的影响。

2. 表面处理工艺的优化

对表面处理工艺进行优化，采用先进的喷砂、抛光、涂层等技术，改善构件的表面质量和外观。同时，探索新的表面处理方法，如表面合金化、激光处理等，提高构件的耐磨性、耐腐蚀性和机械性能。

3. 环境友好型后处理技术的研发

研发环境友好型后处理技术，如水溶性清洗剂、生物降解涂料等，减少后处理过程对环境的影响。同时，优化后处理工艺，减少废水、废气的排放，实现后处理过程的绿色化和可持续发展。

综上所述，工艺流程的优化与改进是推动增材制造技术发展的重要手段。通过在设计阶段引入先进的设计工具和材料数据库，优化制造加工阶段的工艺参数和设备，以及改进后处理阶段的工艺和设备，可以不断提高增材制造技术的制造效率、产品质量和环境友好性，促进增材制造技术在各个领域的广泛应用。

第三章 光固化增材制造技术

第一节 光固化原理与设备介绍

一、光固化技术的光化学反应原理

光固化技术是一种利用光引发化学反应来固化涂料、树脂等材料的方法。在增材制造和3D打印等领域，光固化技术被广泛应用于制造复杂形状的构件。下面我们将深入探讨光固化技术的光化学反应原理，包括光固化的基本原理、光引发的化学反应过程及影响光固化反应的因素。

（一）光固化的基本原理

光固化是一种通过光引发的化学反应，使液态或半固态的预聚物或单体在光的作用下形成固态材料的过程。其基本原理包括光引发、自由基聚合和交联反应。

1. 光引发

在光固化过程中，通常使用紫外光或可见光作为光源。光通过激发涂料或树脂中的光敏剂，产生活性物质（如自由基或离子），从而引发化学反应。

2. 自由基聚合

光引发的活性物种与单体发生聚合反应，形成长链分子结构。这种聚合过程通常是自由基聚合，即活性自由基通过反应链的方式，与单体分子发生加成反应，不断延长聚合链。

3. 交联反应

随着聚合链的不断延长，交联反应也同时进行。交联是指聚合链之间或分子内部的化学键形成，使得分子结构更加稳定，形成固态材料。

（二）光引发的化学反应过程

光固化的化学反应过程主要包括以下几个步骤：

1. 光敏剂的激发

光源照射在光敏剂上，激发光敏剂的分子，将其从基态激发到激发态。

2. 光敏剂的分解

激发的光敏剂分子发生裂解反应，产生活性的自由基或离子。

3. 自由基的引发

产生的活性自由基或离子与单体分子发生加成或开环反应，生成新的活性中间体。

4. 聚合反应

活性中间体与单体发生聚合反应，形成聚合链。

5. 交联反应

随着聚合链的延长，交联反应逐渐发生，形成网络结构的固态材料。

（三）影响光固化反应的因素

光固化反应受到多种因素的影响，包括光源、光敏剂、单体和环境条件等。

1. 光源

光源的波长、强度和照射时间等参数会影响光敏剂的激发和化学反应速率。

2. 光敏剂

光敏剂的种类、浓度和分子结构会影响光敏剂的激发效率和反应活性。

3. 单体

单体的结构、功能团和浓度等因素会影响聚合反应的速率和产物的性质。

4. 环境条件

环境温度、湿度、氧气浓度等因素对光固化反应的速率和效果也有一定影响。

5. 光透过性

材料的透光性会影响光的穿透深度和分布，进而影响光敏剂的激发和反应过程。

6. 光照强度分布

光源的照射强度分布不均匀会导致材料的固化不均匀，影响构件的质量和性能。

7. 光照时间

光照时间是指光源照射到材料表面的时间，它对光固化反应的进行具有重要影响。过长或过短的光照时间都可能导致固化效果不理想。

如果光照时间过长，可能会导致材料过度固化，造成材料表面的过度硬化或产生裂纹。此外，过长的光照时间也会增加能量的消耗，降低生产效率。

如果光照时间过短，可能无法充分引发化学反应，导致材料固化不完全。这会影响构件的力学性能和表面质量，甚至引起构件的变形或开裂。

因此，在实际操作中，我们需要根据材料的类型、光源的强度和材料的厚度等因素，合理控制光照时间，确保光固化反应可以在适当的时间内进行完成。

8. 光照条件调控

在控制光固化反应的过程中，对光照条件的调控十分重要。采用合适的光照条件可以提高反应速率、优化产品性能、减少材料浪费等。

①光源选择：合适的光源对光固化反应至关重要。不同波长的光源适用于不同类型的光敏剂，因此需要选择合适波长的光源。

②光强度控制：光的强度对光固化反应速率有显著影响。控制光的强度可以调节反应速率，避免过快或过慢的固化速度。

③光照时间调节：合理调节光照时间可以控制固化的程度。根据实际需要，我们

可以增加或减少光照时间，以达到理想的固化效果。

④光照模式优化：采用不同的光照模式，如逐层照射、全面照射等，可以优化光固化反应的效果，提高构件的成型精度和表面质量。

9. 温度和湿度控制

在光固化过程中，环境温度和湿度也会影响光固化反应的进行。通常情况下，较高的温度有利于光固化反应的进行，而过高或过低的湿度可能会影响光敏剂的活性，导致反应速率降低或固化效果不佳。

因此，在光固化过程中，我们需要注意控制好环境温湿度，确保适宜的反应条件，从而提高光固化反应的效率和产品的质量。

综上所述，光固化技术的光化学反应原理涉及光引发、自由基聚合和交联反应等多个方面。了解光固化的基本原理和化学反应过程，以及影响光固化反应的因素，有助于优化光固化工艺，提高构件的制造质量和生产效率。

二、光固化设备的组成与工作原理

光固化设备是用于实现光固化技术的关键设备，其主要功能是提供光源和控制光照条件，以促使光引发的化学反应发生并完成固化过程。下面我们将详细介绍光固化设备的组成结构和工作原理等方面的内容。

（一）光固化设备的组成结构

光固化设备通常由以下几个主要部分组成：

1. 光源

光源是光固化设备的核心组成部分，它提供固化过程所需的光能。常用的光源包括紫外光、可见光和近红外光等。光源的选择取决于所使用的光敏剂和材料类型。

2. 光学系统

光学系统用于控制光的方向、强度和分布，以确保光能均匀地照射到材料表面。光学系统通常由透镜、反射镜、光学滤波器等组件构成。

3. 反应室

反应室是光固化过程的主要场所，用于将光源发出的光能照射到材料表面，促使固化反应发生。反应室的设计应考虑光能的传输效率和反应环境的控制。

4. 控制系统

控制系统用于控制光源、光学系统和反应室等部件的工作状态，以实现对光固化过程的精确控制。控制系统通常包括光源功率调节、光照时间控制、温度湿度监测等功能。

5. 冷却系统

光固化过程中会产生大量热量，为了防止设备过热影响工作稳定性，通常需要配备冷却系统对设备进行散热。

（二）光固化设备的工作原理

光固化设备的工作原理主要包括光源发光、光传输、光引发化学反应等几个方面：

1. 光源发光

光固化设备的光源产生紫外光、可见光或近红外光等光能，其工作原理因不同类型的光源而有所不同。常用的光源包括氙灯、汞灯、LED 等。

2. 光传输

通过光学系统的作用，光能从光源发出后经过透镜、反射镜等光学元件的折射、反射和聚焦，最终照射到材料表面。

3. 光引发化学反应

光能照射到材料表面后，光敏剂吸收光能并激发成为活性物种，如自由基或离子。这些活性物种与单体发生聚合或交联反应，最终形成固态材料。

4. 反应室控制

反应室内的温度、湿度等环境条件会影响光固化反应的进行。因此，通过控制系统监测和调节反应室内的环境参数，我们可以优化光固化过程的进行。

5. 反应监测与控制

在光固化过程中，通过实时监测反应室内的光照强度、温度、湿度等参数，以及材料的固化程度，通过控制系统对光源功率、光照时间等参数进行调节，实现光固化反应的精确控制。

（三）光固化设备的应用领域

光固化设备在增材制造、3D 打印、涂料涂装、光学制造等领域有着广泛的应用。它可以实现快速、高效的固化过程，制造出具有优异性能的构件和产品。光固化技术的发展也推动了光固化设备的不断改进和创新，使其在各个领域的应用得到进一步扩展和深化。

综上所述，光固化设备是实现光固化技术的关键装置，其工作原理主要包括光源发光、光传输、光引发化学反应等过程。光固化设备的合理设计和精确控制，可以实现光固化过程的高效、稳定和可靠，为增材制造和其他相关领域的发展提供了重要支撑。

三、光固化设备的选型与配置

光固化设备的选型与配置是影响光固化技术应用效果的重要因素之一。正确选择和配置光固化设备可以提高生产效率、降低成本、优化产品质量。下面我们将探讨光固化设备的选型与配置，包括设备性能指标、应用需求分析、配套设备配置等方面的内容。

（一）设备性能指标

在选择光固化设备时，我们需要考虑以下几个主要性能指标：

1. 光源类型和功率

不同类型的光源，如紫外光、可见光和近红外光等，具有不同的波长和功率范围。应根据实际需求选择合适的光源类型和功率，以确保光固化反应的进行。

2．光学系统性能

光学系统的性能直接影响光的聚焦和分布，从而影响固化效果和成品质量。因此，我们需要关注光学系统的光聚焦能力、光传输效率和光照均匀性等指标。

3．控制系统功能

控制系统应具备光源功率调节、光照时间控制、温度湿度监测等功能，以实现光固化过程的精确控制和监测。

4．反应室设计

反应室的设计应考虑光能的传输效率和反应环境的控制，以确保光固化反应的进行和固化产品的质量。

（二）应用需求分析

根据实际的应用需求，对光固化设备进行需求分析，主要包括以下几个方面：

1．生产规模

根据生产规模确定光固化设备的规格和数量，以满足生产需求和产能要求。

2．产品类型

不同类型的产品对光固化设备的要求也不同，应根据产品的尺寸、形状、材料等特性选择合适的光固化设备。

3．生产效率

生产效率是选择光固化设备的重要考虑因素之一，需要根据生产速度和制造周期等指标确定光固化设备的性能要求。

4．成本控制

在选择光固化设备时，我们需要综合考虑设备的购买成本、运营成本和维护成本，以确保生产成本的控制。

（三）配套设备配置

除了光固化设备本身外，还需要配备一系列的辅助设备和配件，以确保光固化工艺的正常进行和产品质量的稳定。

1．冷却系统

冷却系统用于散热，防止光固化设备过热影响工作稳定性，通常包括风扇、散热器等组件。

2．清洗设备

清洗设备用于清洗固化后的产品表面，去除残留的光敏剂和未固化的材料，以提高产品质量和外观。

3．治具和模具

治具和模具用于固定和定位产品，确保产品在固化过程中的稳定性和一致性。

4．检测设备

检测设备用于检测固化产品的质量和性能，包括外观检查、尺寸测量、力学性能测试等。

5. 安全设备

安全设备包括防护罩、安全门、紧急停机按钮等，用于确保操作人员和设备的安全。

通过合理配置配套设备，我们可以提高光固化工艺的稳定性和可靠性，确保产品质量和生产效率的同时，降低生产成本和风险。

综上所述，光固化设备的选型与配置是影响光固化技术应用效果的关键因素。通过分析设备性能指标、应用需求和配套设备配置等方面的内容，我们可以选择和配置适合自身需求的光固化设备，实现增材制造和其他相关领域的高效生产。

第二节　光固化材料与特性

一、光固化材料的分类与组成

光固化材料是一种特殊类型的材料，其固化过程是通过光引发的化学反应完成的。光固化材料具有固化速度快、成型精度高、成品质量优良等优点，因此在增材制造、3D打印、涂料涂装、光学制造等领域得到了广泛应用。下面我们将探讨光固化材料的分类与组成，包括光敏剂、单体、助剂等方面的内容。

（一）光敏剂

光敏剂是光固化材料中的关键成分，其主要作用是吸收光能并产生活性物质，从而引发固化反应。根据光敏剂的化学结构和固化方式，我们可以将光敏剂分为以下几类：

1. 光引发剂

光引发剂是一类化学物质，可以吸收特定波长范围内的光能，并产生活性自由基或离子等活性物种，从而引发单体的聚合或交联反应。常见的光引发剂包括光致自由基发生剂、光致酸发生剂等。

2. 光敏染料

光敏染料是一类具有光敏性的有机染料，其分子结构中含有特定的光敏基团。光敏染料可以吸收特定波长范围内的光能，产生活性物种，从而引发固化反应。光敏染料的选择通常取决于所使用的光源波长和固化材料的要求。

3. 光交联剂

光交联剂是一类能够在光的作用下发生交联反应的化合物。光交联剂通常具有双烯基、双酰亚胺等结构，可以在紫外光或可见光的照射下发生交联反应，形成三维网络结构。

4. 光敏聚合物

光敏聚合物是一类具有光敏性的高分子材料，其分子结构中含有光敏基团。光敏聚合物可以在光的作用下发生聚合反应，形成固态材料。光敏聚合物通常作为单体或助剂与其他单体共同使用。

（二）单体

单体是光固化材料中的基础成分，是参与光引发聚合或交联反应的主要物质。单体的选择直接影响着光固化材料的性能和固化速度。常见的单体包括：

1. 丙烯酸类单体

丙烯酸类单体是一类具有丙烯基团的化合物，可以通过自由基聚合或交联反应固化。常见的丙烯酸类单体包括丙烯酸甲酯、丙烯酸乙酯、丙烯酸丁酯等。

2. 乙烯基单体

乙烯基单体是一类具有乙烯基团的化合物，可以通过自由基聚合或交联反应固化。常见的乙烯基单体包括乙烯基苯、乙烯基丙烯酸酯等。

3. 硅基单体

硅基单体是一类具有硅氧键结构的化合物，具有优异的耐热性、耐候性和化学稳定性。硅基单体可以通过光引发聚合或交联反应固化，常见的硅基单体包括甲基丙烯酰氧基硅烷、甲基丙烯酰丙基硅烷等。

（三）助剂

助剂是用于改善光固化材料性能或调节固化反应过程的辅助成分。常见的助剂包括：

1. 光稳定剂

光稳定剂是一类能够提高光固化材料耐光性能的化合物，可以有效抑制光引发反应的进行，延长光固化材料的使用寿命。

2. 抗氧化剂

抗氧化剂是一类能够抑制氧化反应进行的化合物，可以有效防止光固化材料的氧化降解，提高材料的稳定性和耐久性。

3. 催化剂

催化剂是一类能够加速化学反应速率的化合物，可以提高光固化材料的固化速度和效率。

4. 成型剂

成型剂是一类用于调节光固化材料流变性能和成型性能的化合物，可以改善材料的加工性能和成型精度。

5. 色料和填料

色料和填料可以用于改变光固化材料的颜色和增加材料的强度与稳定性。色料可以使光固化材料呈现出不同的颜色，丰富产品的外观效果；填料则可以增加材料的密度和硬度，改善其机械性能和耐磨性。

6. 溶剂和稀释剂

溶剂和稀释剂是一类用于调节光固化材料黏度和流动性的化合物，可以使材料更易于加工和涂覆，并调节材料的固化速度和厚度。

（四）应用领域及特性

光固化材料具有固化速度快、成型精度高、成品质量优良等特点，在各个领域都有广泛的应用：

1. 3D 打印

光固化材料是 3D 打印技术中常用的打印材料之一，通过光固化技术可以快速制造出复杂形状的三维构件，具有高精度和优良的表面质量。

2. 涂料涂装

光固化涂料广泛应用于汽车、家具、电子产品等领域的涂装工艺中，具有固化速度快、环境友好、涂层均匀等优点，可以提高涂装效率和产品质量。

3. 光学制造

光固化材料在光学制造领域中有着重要的应用，如光学透镜、光学器件等的制造，具有制作精度高、表面光滑度好等特点，可以满足光学元件对精度和质量的要求。

4. 医疗器械

光固化材料在医疗器械制造中也有广泛应用，如牙科材料、医用植入材料等，具有生物相容性好、固化速度快、成型精度高等特点，可以满足医疗器械对材料性能和制造工艺的要求。

5. 电子产品

光固化材料在电子产品制造中有着重要的应用，如印刷电路板制造、微电子器件封装等，具有固化速度快、成型精度高、表面质量优良等特点，可以提高电子产品的制造效率和质量。

综上所述，光固化材料是一类具有特殊固化方式的材料，其组成主要包括光敏剂、单体、助剂等成分。光固化材料具有固化速度快、成型精度高、成品质量优良等特点，在增材制造、3D 打印、涂料涂装、光学制造等领域有着广阔的应用前景。

二、光固化材料的固化特性与性能

光固化材料作为一种特殊的材料，其固化特性和性能直接影响着最终产品的质量和性能。在增材制造、3D 打印、涂料涂装、光学制造等领域的应用中，光固化材料的固化特性和性能至关重要。下面我们将探讨光固化材料的固化特性与性能，包括固化速度、机械性能、热稳定性、耐化学性等方面的内容。

（一）固化速度

固化速度是光固化材料固化过程中的一个重要指标，它直接影响着生产效率和产品质量。固化速度受到多种因素的影响，包括光源功率、光固化剂浓度、光敏单体类型等。一般来说，固化速度越快，生产效率越高，但也可能会影响到固化过程的控制和产品的性能。

（二）机械性能

光固化材料的机械性能是衡量其质量的重要指标之一，主要包括强度、硬度、韧性等。固化后的材料应具有足够的强度和硬度，以满足产品在使用过程中的力学性能要求；同时，也需要具有一定的韧性，以防止在受力作用下出现脆断或开裂现象。

（三）热稳定性

光固化材料的热稳定性是指其在高温环境下的稳定性能。在一些应用场景中，产品可能会受到高温环境的影响，因此光固化材料需要具有良好的热稳定性，不易发生软化、变形或分解等现象。

（四）耐化学性

耐化学性是光固化材料在不同化学环境下的稳定性能。在一些特殊的工作环境中，产品可能会接触到各种化学物质，如溶剂、酸碱等，因此光固化材料需要具有一定的耐化学性，不易发生溶解、腐蚀或变色等现象。

（五）表面质量

光固化材料的表面质量直接影响着最终产品的外观效果和功能性能。良好的表面质量应具有光滑、均匀、无缺陷的特点，以确保产品的外观美观和功能性能。

（六）光学性能

光固化材料的光学性能是指其在光照下的透明度、折射率等参数。在一些光学制造领域的应用中，如光学透镜、光学器件等，光固化材料需要具有良好的光学性能，以确保产品的光学性能和品质。

（七）生物相容性

对于一些医疗器械、生物材料等应用领域，光固化材料需要具有良好的生物相容性，不会对人体产生毒副作用或过敏反应。

（八）环境友好性

环境友好性是衡量光固化材料可持续发展性的重要指标之一，主要包括材料的生产过程中的环境影响、材料的可再生性、可降解性等。

（九）其他特性

除了上述特性外，光固化材料还可能具有其他特性，如耐磨性、耐候性、电气性能等，这些特性根据不同的应用需求可能会有所不同。

综上所述，光固化材料的固化特性和性能涉及多个方面，包括固化速度、机械性能、热稳定性、耐化学性、表面质量、光学性能、生物相容性、环境友好性等。在实际应用中，我们需要根据具体的应用需求和产品要求来选择合适的光固化材料，以确保产品具有优良的性能和质量。

三、光固化材料的选择与优化

光固化材料的选择与优化对于增材制造、3D 打印、涂料涂装、光学制造等领域的应用至关重要。合适的光固化材料可以提高产品质量、生产效率和经济效益。下面我们将探讨光固化材料的选择与优化，包括材料特性分析、应用需求评估、配方设计优化等方面的内容。

（一）材料特性分析

在选择光固化材料之前，我们首先需要对材料的特性进行分析，主要包括以下几个方面：

1. 光固化速度

光固化速度是衡量光固化材料固化效率的重要指标，它直接影响着生产效率和产品质量。因此，我们需要选择具有适当固化速度的材料，以满足实际生产需求。

2. 机械性能

光固化材料的机械性能包括强度、硬度、韧性等指标，这些指标直接影响着产品的使用性能和寿命。在选择材料时，我们需要根据产品的实际应用场景和要求，合理平衡各项机械性能指标。

3. 热稳定性

热稳定性是衡量光固化材料在高温环境下的稳定性能，对于一些高温应用场景具有重要意义。因此，我们需要选择具有良好热稳定性的材料，以确保产品在高温环境下的稳定性能。

4. 耐化学性

耐化学性是衡量光固化材料在不同化学环境下的稳定性能，对于一些特殊应用场景具有重要意义。因此，在选择材料时我们需要考虑其在不同化学介质中的稳定性和耐腐蚀性。

5. 表面质量

光固化材料的表面质量直接影响着最终产品的外观效果和功能性能。因此，在选择材料时我们需要考虑其表面质量，确保产品具有良好的外观效果和使用性能。

（二）应用需求评估

根据实际应用需求对光固化材料进行评估和选择，主要包括以下几个方面：

1. 产品类型

根据产品的类型和功能要求选择合适的光固化材料，例如在制造光学透镜、医疗器械、电子元件等方面的应用中，我们需要选择具有良好光学性能和生物相容性的材料。

2. 制造工艺

根据不同的制造工艺选择适合的光固化材料，例如在增材制造和 3D 打印领域，我们需要选择具有适当固化速度和机械性能的材料。

3. 环境要求

考虑产品在使用环境中的特殊要求，选择具有良好耐热性、耐化学性和耐候性的光固化材料，以确保产品在不同环境条件下的稳定性能。

（三）配方设计优化

针对不同的应用需求和产品要求，我们可以通过配方设计优化光固化材料的性能，主要包括以下几个方面：

1. 材料配方优化

通过调整光敏剂、单体、助剂等成分的配比和比例，优化光固化材料的固化速度、机械性能和耐化学性等特性。

2. 光固化条件优化

通过调整光源功率、固化时间、固化温度等固化条件，优化光固化材料的固化效率和产品质量。

3. 加工工艺优化

通过优化加工工艺和工艺参数，提高光固化材料的加工精度和表面质量，减少产品的缺陷和不良率。

4. 添加改性剂

添加适量的改性剂，如增塑剂、填料等，可以改善光固化材料的流变性能、机械性能和热稳定性，提高产品的使用性能和品质。

5. 环保优化

在配方设计中注重环保因素，选择环保型的原材料和添加剂，降低光固化材料对环境的影响，符合可持续发展的要求。

综上所述，光固化材料的选择与优化是增材制造、3D打印、涂料涂装、光学制造等领域的关键技术之一。通过对材料特性的分析、应用需求的评估和配方设计的优化，我们可以选择和优化适合不同应用场景的光固化材料，提高产品质量和生产效率，促进相关产业的发展和应用的推广。

第三节　光固化增材制造工艺的优势与挑战

一、光固化增材制造工艺的主要优势

光固化增材制造是一种先进的制造技术，利用光固化材料通过逐层堆积的方式制造出复杂的三维物体。相比传统的制造方法，光固化增材制造具有许多显著的优势，包括高精度、快速制造、设计自由度大等。下面我们将探讨光固化增材制造工艺的主要优势，分析其在各个方面的优势和应用价值。

（一）高精度

光固化增材制造具有极高的制造精度，能够实现微米甚至纳米级别的精细加工。这是因为光固化材料可以通过光敏剂的激活，在光的照射下实现精确的固化，使得制造出的产品具有非常高的精度和几何形状的复杂性。

（二）快速制造

与传统的加工方法相比，光固化增材制造具有更快的制造速度。由于光固化材料在光的作用下可以实现快速固化，因此可以大幅缩短产品的制造周期，提高生产效率，满足客户对产品交付时间的需求。

（三）设计自由度大

光固化增材制造具有设计自由度大的优势，可以制造出各种复杂的几何形状和结构。与传统的制造方法相比，光固化增材制造不受模具和工艺的限制，可以根据客户的需求随时进行设计修改，灵活性强，适应性广。

（四）节约材料

光固化增材制造是一种无废料的制造方法，可以根据实际需要精确控制材料的使用量，减少材料的浪费。与传统的切削加工方法相比，光固化增材制造可以将材料的利用率提高到最大，降低制造成本。

（五）多材料加工

光固化增材制造可以利用不同类型的光固化材料，实现多材料的复合加工。通过调整不同材料的配比和固化条件，我们可以制造出具有特殊性能和功能的复合材料产品，满足不同领域的应用需求。

（六）低成本

光固化增材制造具有较低的成本优势，主要体现在材料使用效率高、生产周期短、设备投资少等方面。与传统的制造方法相比，光固化增材制造可以大大降低产品的制造成本，提高企业的竞争力。

（七）定制化生产

光固化增材制造可以根据客户的个性化需求进行定制化生产，为客户提供量身定制的产品和服务。通过与 CAD 软件的结合，我们可以实现产品设计和制造的无缝衔接，满足不同客户的个性化需求。

（八）环保节能

光固化增材制造是一种环保节能的制造方法，与传统的加工方法相比，可以减少能源消耗和排放物的产生，降低对环境的影响。同时，光固化材料的可再生性和可降解性也符合可持续发展的要求。

（九）应用广泛

光固化增材制造在航空航天、汽车制造、医疗器械、电子产品等领域有着广泛的应用，由于其高精度、快速制造、设计自由度大等优势，越来越受到各个行业的青睐和应用。

综上所述，光固化增材制造工艺具有高精度、快速制造、设计自由度大、节约材料、多材料加工、低成本、定制化生产、环保节能、应用广泛等诸多优势。随着科技的不断进步和应用需求的不断增长，光固化增材制造将在未来得到更广泛的应用和发展。

二、光固化增材制造工艺面临的技术挑战

光固化增材制造作为一种先进的制造技术，在实际应用中虽然具有许多优势，但也面临着一些技术挑战。这些挑战可能来自材料、工艺、设备等方面，影响着光固化增材制造技术的发展和应用。下面我们将探讨光固化增材制造工艺面临的技术挑战，并对可能的解决方案进行分析和讨论。

（一）材料选择与性能优化

1. 材料性能匹配度不足

光固化增材制造所使用的光固化材料需要具有一定的光固化特性和机械性能，以确保制造出的产品具有良好的质量和性能。然而，目前市面上的光固化材料种类繁多，但并非所有材料都能满足各种应用场景的要求，因此材料的选择与性能匹配度不足是一个技术挑战。

2. 材料的力学性能和耐热性不足

部分光固化材料的力学性能和耐热性可能不足，导致制造出的产品在高温或高强度应用场景下容易发生变形、开裂等问题，影响产品的使用寿命和性能稳定性。

3. 新材料的研发与应用

随着光固化增材制造技术的不断发展，人们对于新型光固化材料的需求也在不断增加。因此，我们需要加大对新材料的研发投入，开发具有更优异性能的光固化材料，以满足不断变化的市场需求。

（二）工艺控制与优化

1. 光固化速度和均匀性控制

光固化增材制造过程中，我们需要控制光源的功率、光照时间等参数，以实现光固化速度和均匀性的控制。然而，由于材料、工艺等因素的影响，光固化速度和均匀性的控制并不容易，可能会导致制造出的产品存在固化不完全、表面质量不均匀等问题。

2. 成型精度和表面质量优化

光固化增材制造的成型精度和表面质量直接影响着产品的质量和外观效果。然而，由于光固化材料的固化特性和工艺参数的复杂性，实现高精度和高质量的成型是一个较为困难的技术挑战。

3. 支撑结构的优化设计

在光固化增材制造过程中，由于支撑结构的存在，可能会导致产品表面出现瑕疵、成型精度降低等问题。因此，我们需要对支撑结构进行优化设计，以最大限度地减少对产品质量的影响。

（三）设备性能与成本控制

1. 设备的稳定性和可靠性

光固化增材制造设备的稳定性和可靠性直接影响着生产效率和产品质量。然而，由于设备结构复杂、工作环境恶劣等因素的影响，可能会导致设备的运行不稳定、故障率高等问题。

2. 设备成本和维护成本

光固化增材制造设备的成本较高，而且需要定期进行维护和保养，增加了企业的投资和运营成本。因此，如何降低设备的成本和维护成本，提高设备的性价比，是一个重要的技术挑战。

3. 多功能集成与智能化发展

随着工业4.0的发展，人们对于光固化增材制造设备的智能化、自动化要求越来越高。因此，如何实现设备的多功能集成和智能化发展，提高设备的生产效率和操作便利性，是一个重要的技术挑战。

综上所述，光固化增材制造工艺面临着诸多技术挑战，包括材料选择与性能优化、工艺控制与优化、设备性能与成本控制等方面。针对这些挑战，我们需要加强材料研发、优化工艺参数、提高设备稳定性和智能化水平等方面的研究，以促进光固化增材制造技术的发展和应用。

三、光固化增材制造工艺的优化策略

光固化增材制造，作为一种先进的制造技术，以其高精度、高效率的特点，在航空航天、生物医疗等领域发挥着越来越重要的作用。然而，随着应用的深入，人们对光固化增材制造工艺的要求也日益提高。因此，优化光固化增材制造工艺，提升产品质量和生产效率，成为当前研究的重点。

（一）光固化增材制造工艺概述

光固化增材制造的基本原理是通过特定波长的光源照射光敏树脂材料，使其发生聚合反应，逐层固化实现空间形状的构建。该工艺具有高精度、高分辨率的特点，适用于制造精细、复杂结构的零部件。然而，在实际应用中，光固化增材制造工艺仍存在一些不足，如工艺稳定性差、制件性能不均一等问题，需要通过优化策略加以改进。

（二）光固化增材制造工艺的优化策略

1. 材料选择与优化

光敏树脂材料是光固化增材制造的核心，其性能直接影响制件的质量。因此，选择合适的材料是优化工艺的首要任务。一方面，应选用固化性能稳定、光敏性好的材料，以提高制件的精度和强度；另一方面，还需考虑材料的黏度、固化收缩率等参数，以确保制件的性能均一性。此外，随着环保意识的提高，无毒或低毒的光敏树脂材料也成为研究的热点。

除了材料的选择，材料的预处理也是优化工艺的关键。例如，通过添加纳米填料或改变材料的分子结构，可以改善光敏树脂的力学性能或光固化性能，从而提高制件的质量。

2. 工艺参数调控

光固化增材制造过程中，工艺参数对制件性能的影响至关重要。其中，光照时间、光照强度、扫描速度等参数是影响光固化效果的主要因素。通过调控这些参数，我们可以优化制件的硬度、密度和热稳定性等性能。例如，适当增加光照时间和光照强度，可以提高制件的固化程度，但过长的光照时间或过高的光照强度又可能导致制件变形或开裂。因此，我们需要根据具体的材料和结构特点，选择合适的工艺参数。

此外，扫描策略的优化也是提高制件性能的有效手段。改变扫描路径、扫描间距等参数，可以减少制件内部的应力集中，提高制件的强度和稳定性。

3. 后处理技术的改进

后处理是光固化增材制造过程中不可或缺的一环。通过合理的后处理，我们可以进一步提高制件的性能和稳定性。例如，采用烤炉烘干或 UV 固化等方式，可以消除制件内部的残余应力，提高其稳定性和耐久性。此外，我们还可以通过后处理对制件进行表面修饰或功能化，以满足特定的应用需求。

然而，传统的后处理技术往往存在能耗高、效率低等问题。因此，开发新型的、高效节能的后处理技术，也是优化光固化增材制造工艺的重要方向。

光固化增材制造工艺的优化是一个复杂而系统的工程，需要从材料选择、工艺参数调控和后处理技术等多个方面进行综合优化。通过采用合适的材料、调控工艺参数和改进后处理技术，我们可以显著提高制件的性能和质量，推动光固化增材制造技术的发展和应用。

展望未来，随着新材料、新技术的不断涌现，光固化增材制造工艺的优化策略将更加多样化和精细化。同时，随着人工智能、大数据等技术的应用，光固化增材制造的智能化、自动化水平也将得到进一步提升。相信在不久的将来，光固化增材制造技术将在更多领域发挥更大的作用。

综上所述，光固化增材制造工艺的优化是一个持续不断的过程，需要我们在实践中不断探索和创新。通过不断优化工艺，我们可以更好地满足市场需求，推动制造业的转型升级和高质量发展。

第四节　光固化增材制造在医疗领域的应用

一、光固化增材制造概述

光固化增材制造，是一种基于光敏树脂材料在光的作用下发生聚合固化反应，从而逐层堆积形成三维实体的制造技术。在牙科修复领域，光固化增材制造技术凭借其高精度、高效率、个性化定制等优势，得到了广泛的应用。

光固化增材制造的基本原理包括光引发自由基聚合和光引发阳离子聚合。在牙科修复中，常用的光固化增材工艺包括立体光刻成形、数字投影成型等。这些工艺利用特定波长的光源照射光敏树脂材料，使其发生聚合反应，逐层固化形成所需的三维结构。

光敏树脂材料的选择对于牙科修复的成功至关重要。理想的光敏树脂材料应具有良好的固化性能、光敏性、低黏度、低固化收缩率、低溶胀性、优良的机械性能及无毒等特性。这样的材料能够确保修复体的精度、稳定性和生物相容性。

二、光固化增材制造在牙科修复中的应用案例

（一）前牙缺损修复

前牙缺损是牙科修复中常见的临床问题，不仅影响患者的美观，还可能影响咀嚼功能。传统的修复方法往往存在操作复杂、精度不高、美观性差等缺点。而光固化增材制造技术的应用，为前牙缺损修复提供了更加精准、美观的解决方案。

例如，一位年轻女性患者因意外事故导致前牙受损，需要进行修复。牙医采用光固化增材制造技术，根据患者的牙齿形态和颜色，定制了个性化的修复体。通过光固化机对修复体进行固化，使其与患者的牙齿完美融合。修复后的牙齿不仅恢复了原有的美观，还保留了良好的咀嚼功能。

（二）牙齿美容修复

随着人们生活水平的提高，人们对牙齿美观的要求也越来越高。牙齿美容修复成为越来越多人的选择。光固化增材制造技术在牙齿美容修复中发挥着重要作用。

例如，一位中年男性患者因长期吸烟导致牙齿变色，严重影响美观。牙医采用光固化增材制造技术，为患者制作了贴面修复体。这种修复体可以根据患者的牙齿颜色和形态进行定制，通过光固化机进行固化后，能够紧密贴合在患者的牙齿表面，遮盖原有的牙齿缺陷，恢复牙齿的美观。

（三）复杂牙齿缺损修复

对于复杂的牙齿缺损问题，传统的修复方法往往难以达到理想的效果。而光固化

增材制造技术凭借其高精度、高复杂度的制造能力，为这类问题提供了有效的解决方案。

例如，一位老年患者因龋齿和牙周病导致多颗牙齿缺失，需要进行复杂的修复。牙医采用光固化增材制造技术，根据患者的口腔情况和需求，制作了多个个性化的修复体。这些修复体不仅形状、颜色与患者原有牙齿相匹配，而且具有优良的机械性能和生物相容性，能够长期保持稳定性和美观性。

三、光固化增材制造在牙科修复中的优势与挑战

（一）优势

光固化增材制造在牙科修复中的优势主要体现在以下几个方面：

精度高：光固化增材制造技术可以实现微米级别的精度控制，确保修复体与患者牙齿的完美融合。

个性化：根据患者的牙齿形态、颜色和需求，可以定制个性化的修复体，满足患者的个性化需求。

效率高：光固化增材制造技术采用自动化生产方式，大大提高了修复体的制作效率。

生物相容性好：采用的光敏树脂材料具有良好的生物相容性，能够减少对口腔组织的刺激和不良反应。

（二）挑战

尽管光固化增材制造在牙科修复中具有诸多优势，但仍面临一些挑战：

材料性能：目前市场上的光敏树脂材料在性能上仍存在一定的局限性，如固化收缩率、机械性能等方面仍需进一步优化。

设备成本：光固化增材制造设备价格较高，对于一些基层医疗机构来说，难以承担其高昂的成本。

操作技术：光固化增材制造技术的操作需要一定的专业技能和经验，对于操作人员的培训和技术更新要求较高。

光固化增材制造在牙科修复中的应用已经取得了显著的成果，为患者提供了更加精准、美观、个性化的修复方案。然而，我们仍需在材料性能、设备成本和操作技术等方面不断改进和完善。随着科技的不断进步和临床需求的不断提高，相信光固化增材制造在牙科修复领域的应用将会更加广泛和深入。

在未来的发展中，我们可以期待光固化增材制造技术在以下几个方面取得突破：一是研发性能更优的光敏树脂材料，提高修复体的稳定性和耐用性；二是降低设备成本，使更多医疗机构能够享受到光固化增材制造带来的便利；三是加强操作人员的培训和技能提升，确保技术的安全、有效应用。同时，随着人工智能、大数据等技术的不断发展，光固化增材制造技术与这些先进技术的结合也将为牙科修复领域带来更多的创新和突破。

总之，光固化增材制造在牙科修复中的应用具有广阔的发展前景和巨大的潜力。

随着技术的不断进步和应用领域的不断拓展，它将在未来牙科修复中扮演更加重要的角色，为患者提供更加优质、高效的修复服务。

四、技术改进与创新方向

（一）材料研发与创新

光敏树脂材料的性能直接影响到修复体的质量和使用寿命。未来的研发方向应聚焦于提高材料的固化速度、降低固化收缩率、增强机械性能及改善生物相容性等方面。通过引入新型光引发剂、优化树脂配方、添加纳米增强剂等手段，我们有望研发出性能更优异的光敏树脂材料，以满足不同牙科修复需求。

（二）设备优化与智能化

光固化增材制造设备的性能对修复体的精度和效率具有重要影响。未来设备的优化方向应包括提高光源的稳定性、优化光路设计、提升成型精度等。同时，随着人工智能和机器学习技术的发展，我们可以实现设备的智能化升级，如自动调整工艺参数、实时监控打印过程、预测故障等，从而进一步提高修复体的质量和生产效率。

（三）工艺集成与拓展

光固化增材制造技术可以与其他牙科修复技术相结合，形成综合解决方案。例如，我们可以将光固化增材制造技术与数字化扫描、CAD/CAM 技术相结合，实现修复体的快速设计与制造；我们也可以与 3D 打印技术相结合，制作更加复杂的修复体结构。此外，我们还可以探索光固化增材制造技术在其他牙科应用领域的拓展，如种植体修复、正畸治疗等。

五、临床应用与推广

（一）临床应用案例的积累与总结

随着光固化增材制造技术在牙科修复中的应用越来越广泛，应加强对临床应用案例的积累与总结。通过收集和分析不同类型修复体的应用案例，我们可以深入了解技术的适用范围、操作要点和注意事项，为临床决策提供有力支持。同时，我们还可以发现技术存在的问题和不足，为技术改进和创新提供方向。

（二）培训与教育体系的完善

光固化增材制造技术的应用需要一定的专业技能和知识。因此，我们应建立完善的培训与教育体系，加强对口腔医生和技术人员的培训和教育。通过举办培训班、研讨会等形式，普及光固化增材制造技术的基本原理、操作方法和临床应用等方面的知识，提高医护人员的专业水平和技术能力。

（三）政策支持与市场推广

政府在牙科修复领域的政策支持对于光固化增材制造技术的推广和应用具有重要意义。政府可以通过制定相关政策和标准，鼓励医疗机构引进和应用光固化增材制造技术；同时，还可以加大对技术研发和创新的支持力度，推动光固化增材制造技术的不断进步和发展。此外，企业和医疗机构也应加大市场推广力度，提高光固化增材制造技术的知名度和影响力。

光固化增材制造技术在牙科修复中的应用已经取得了显著的成果，但仍存在诸多挑战和需要改进的地方。通过材料研发与创新、设备优化与智能化、工艺集成与拓展等方面的努力，我们可以进一步提高技术的性能和应用范围。同时，加强临床应用案例的积累与总结、完善培训与教育体系及政策支持与市场推广等方面的工作，也将有助于推动光固化增材制造技术在牙科修复领域的更广泛应用和发展。相信在不久的将来，光固化增材制造技术将为牙科修复领域带来更多的创新和突破，为患者提供更加优质、高效的修复服务。

第五节　光固化增材制造的未来发展方向

一、光固化增材制造技术的创新趋势

随着科技的飞速发展，光固化增材制造技术正逐步走向成熟，并在多个领域展现出广阔的应用前景。未来，光固化增材制造技术将在技术创新、材料研发和应用拓展等方面取得显著进展。

（一）高精度与高效率并存

光固化增材制造技术的精度和效率是衡量其性能的重要指标。未来，该技术将致力于实现高精度与高效率的并存。一方面，通过优化光源系统、改进光路设计、提高树脂材料的固化速度等方式，提高打印精度和成型质量；另一方面，通过引入先进的并行打印技术、多光源协同工作技术等手段，提高打印速度和生产效率。

（二）智能化与自动化水平提升

随着人工智能、机器学习等技术的不断发展，光固化增材制造技术将实现更高程度的智能化和自动化。未来，该技术将能够实现对打印过程的实时监控、自动调节工艺参数、预测故障并提前进行维护等功能。同时，通过与物联网、云计算等技术的结合，实现远程监控、远程控制等功能，进一步提高生产效率和管理水平。

（三）多功能化与集成化发展

光固化增材制造技术将向多功能化和集成化方向发展。未来，该技术将不仅局限于单一材料的打印，还能够实现多种材料的复合打印、梯度打印等功能。同时，通过与其他制造技术的结合，如机械加工、热处理等，形成综合制造能力，满足更复杂、更精细的制造需求。

二、光固化增材制造材料的研究进展

光固化增材制造材料是制约该技术发展的重要因素之一。未来，随着材料科学的不断进步，光固化增材制造材料将取得显著的研究进展。

（一）新型光敏树脂材料的开发

新型光敏树脂材料将具有更高的固化速度、更低的收缩率、更好的机械性能和生物相容性等特点。研究人员将通过改变树脂的化学结构、引入新型光引发剂等方式，开发性能更优异的光敏树脂材料。这些新材料将能够满足更广泛的应用需求，如医疗、航空航天等领域。

（二）复合材料的研究与应用

复合材料是光固化增材制造领域的一个重要研究方向。未来，研究人员将致力于开发具有优异性能的光固化复合材料，如高强度、高韧性、高导热性等。这些复合材料将能够用于制造更复杂、更精细的部件，提高产品的整体性能和使用寿命。

（三）生物相容性材料的探索

在医疗领域，生物相容性材料是光固化增材制造技术的重要应用方向之一。未来，研究人员将加强对生物相容性材料的研究，开发具有更好生物相容性、更低免疫反应的光固化材料。这些材料将能够用于制造医疗器械、植入物等医疗产品，为医疗领域的发展提供有力支持。

三、光固化增材制造在医疗领域的拓展应用

光固化增材制造技术在医疗领域具有广阔的应用前景。未来，该技术将在医疗领域实现更多的拓展应用，为医疗行业的发展注入新的活力。

（一）个性化医疗器械的制造

光固化增材制造技术能够根据患者的具体需求，制造出个性化的医疗器械。例如，通过光固化增材制造技术可以制作出与患者口腔形态完全匹配的义齿、牙冠等修复体，提高患者的舒适度和满意度。此外，该技术还可以用于制造定制化的人工关节、植入物等医疗器械，满足不同患者的个性化需求。

（二）生物组织工程的应用

生物组织工程是医疗领域的一个重要研究方向。光固化增材制造技术能够制造出具有复杂结构和功能的生物组织替代物。通过优化打印参数和材料选择，我们可以制

造出与原生组织相似的结构和功能，为组织修复和再生提供新的解决方案。例如，利用光固化增材制造技术可以制造出具有血管结构的皮肤替代物、骨骼替代物等，促进组织的快速修复和再生。

（三）药物递送系统的开发

药物递送系统是医疗领域的一个重要环节。光固化增材制造技术能够制造出具有特定形状和结构的药物载体，实现药物的精准递送和控释。通过优化打印参数和材料性能，我们可以实现对药物释放速率、释放位置等关键参数的精确控制，提高药物治疗效果和降低副作用。此外，光固化增材制造技术还可以用于制造具有生物活性的药物载体，如含有生长因子、细胞因子的生物材料，促进组织的修复和再生。

综上所述，光固化增材制造技术在未来将在技术创新、材料研发和应用拓展等方面取得显著进展。随着该技术的不断发展和完善，相信它将在更多领域展现出广阔的应用前景，为人类社会的进步和发展做出更大的贡献。

第四章 粉末床熔化增材制造技术

第一节 粉末床熔化原理与设备介绍

一、粉末床熔化的基本原理与过程

粉末床熔化,也称为选择性激光熔化或选择性激光烧结,是一种增材制造技术,通过逐层熔化粉末材料来构建三维实体。其基本原理和过程如下:

(一)粉末铺设

粉末床熔化的第一步是铺设粉末。粉末材料被均匀地平铺在构建平台上,形成一个薄薄的粉末层。粉末材料的选择取决于所需部件的材料特性,如金属、陶瓷或塑料等。铺设粉末的精度和均匀性对最终部件的质量和精度有着重要影响。

(二)激光扫描熔化

在粉末层铺设完成后,高能激光束按照预设的三维模型数据,在粉末层上进行扫描。激光束的能量使粉末材料在扫描区域熔化,形成固化的实体部分。通过控制激光束的扫描路径和速度,我们可以精确控制熔化区域的大小和形状。

(三)逐层叠加

完成一层的扫描熔化后,构建平台下降一个粉末层的厚度,然后再次铺设新的粉末层。激光束继续在新铺设的粉末层上进行扫描熔化,与前一层熔化区域相互连接,形成连续的实体结构。这个过程反复进行,直到整个三维模型被完全构建出来。

在整个粉末床熔化的过程中,温度控制和气氛控制也至关重要。适当的温度有助于熔化粉末材料并保持熔池的流动性,而气氛控制则能够防止材料在熔化过程中的氧化或污染。

二、粉末床熔化设备的类型与特点

粉末床熔化设备是实现粉末床熔化技术的关键装置,根据其功能、结构和应用领域的不同,可以分为多种类型。下面我们将介绍几种常见的粉末床熔化设备及其特点。

（一）金属粉末床熔化设备

金属粉末床熔化设备主要用于金属材料的增材制造。这类设备通常具有高功率的激光系统，能够产生足够的能量来熔化金属粉末。设备还配备有精密的粉末铺设系统和温度控制系统，以确保金属粉末的均匀铺设和熔化过程的稳定性。金属粉末床熔化设备制造的部件具有较高的机械性能和致密度，适用于航空航天、汽车制造等领域。

（二）塑料粉末床熔化设备

塑料粉末床熔化设备主要用于塑料材料的增材制造。这类设备通常采用较低的激光功率，以适应塑料材料的熔化特性。塑料粉末床熔化设备制造的部件具有良好的表面质量和精度，广泛应用于产品设计、原型制作等领域。此外，一些高端设备还具备多材料打印功能，能够同时熔化不同种类的塑料粉末，实现复杂结构的制造。

（三）复合粉末床熔化设备

复合粉末床熔化设备能够同时处理多种类型的粉末材料，如金属和陶瓷的复合材料。这类设备结合了金属和陶瓷材料的优点，能够制造出具有优异性能的复合部件。复合粉末床熔化设备在航空航天、生物医学等领域具有广阔的应用前景。

此外，随着技术的不断发展，粉末床熔化设备也在不断创新和升级。例如，一些设备采用了多激光束扫描技术，提高了打印速度和效率；一些设备还集成了机器视觉系统，实现了对打印过程的实时监测和质量控制。

三、粉末床熔化设备的操作与维护

粉末床熔化设备的操作与维护对于确保设备的正常运行和延长设备的使用寿命至关重要。下面我们将介绍粉末床熔化设备的操作和维护要点。

（一）设备操作

在操作粉末床熔化设备时，我们首先需要熟悉设备的结构和功能，了解设备的操作流程和安全注意事项。然后，我们根据所需制造部件的三维模型数据，设置合适的工艺参数，如激光功率、扫描速度、粉末层厚度等。在操作过程中，我们需要密切关注设备的运行状态，及时发现并处理可能出现的异常情况。

（二）设备维护

粉末床熔化设备的维护包括日常维护和定期维护两个方面。日常维护主要包括清理设备表面的粉尘和残留物，保持设备的清洁和整洁；检查设备的电源线、数据线等连接是否牢固，避免出现松动或脱落的情况。定期维护则需要根据设备的使用情况和制造商的建议，对设备的各个部件进行检查、更换或维修，以确保设备的正常运行和性能稳定。

此外，为了保证设备的正常运行和延长使用寿命，我们还需要注意以下几点：

避免设备长时间连续工作，应合理安排工作时间和休息时间，以减少设备的磨损和老化。

定期对设备的激光系统、粉末铺设系统等进行校准和调整，确保设备的精度和稳定性。

在使用设备时，应遵守操作规程和安全规范，避免操作不当导致的设备故障或安全事故。

综上所述，粉末床熔化技术是一种重要的增材制造技术，通过逐层熔化粉末材料来构建三维实体。粉末床熔化设备是实现这一技术的关键装置，其类型多样、特点各异。在操作和维护粉末床熔化设备时，我们需要严格遵守操作规程和安全规范，确保设备的正常运行和性能稳定。

第二节　金属粉末与塑料粉末的选择与特性

一、金属粉末的种类与性能特点

金属粉末作为增材制造中的重要原材料，其种类和性能特点直接影响着最终产品的质量和性能。下面我们将介绍几种常见的金属粉末及其性能特点。

（一）不锈钢粉末

不锈钢粉末因其优异的耐腐蚀性和机械性能而被广泛应用于增材制造领域。其化学成分稳定，具有较高的熔点和良好的热稳定性，能够在高温下保持形状和性能的稳定。不锈钢粉末的制造过程通常包括气雾化、水雾化和机械破碎等方法，这些方法能够制备出粒度均匀、球形度高的粉末颗粒。

不锈钢粉末在增材制造中具有良好的成形性和可加工性，能够制造出具有复杂结构和精细细节的部件。同时，其高硬度和高强度使得制造的部件具有优异的耐磨性和抗冲击性能。然而，不锈钢粉末的熔点较高，需要较高的能量输入才能实现完全熔化，这增加了制造过程的难度和成本。

（二）钛合金粉末

钛合金粉末以其高强度、低密度和良好的生物相容性而受到广泛关注。钛合金粉末的制造通常采用惰性气体雾化法，该方法能够制备出高纯度、低氧含量的粉末颗粒。钛合金粉末在增材制造中表现出优异的成形性和力学性能，能够制造出具有高强度和轻量化的部件。

钛合金粉末在航空航天、医疗器械等领域具有广阔的应用前景。例如，在航空航天领域，钛合金粉末可用于制造发动机叶片、飞机结构件等关键部件；在医疗器械领域，钛合金粉末可用于制造人工关节、牙科植入物等生物医用材料。

（三）铝合金粉末

铝合金粉末以其轻质、高强度和良好的导热性能而受到青睐。铝合金粉末的制造方法包括机械破碎、气体雾化和熔融喷雾等。铝合金粉末在增材制造中具有良好的成形性和可加工性，能够制造出具有复杂形状和良好性能的部件。

铝合金粉末在汽车制造、电子产品等领域具有广泛的应用。例如，在汽车制造领域，铝合金粉末可用于制造轻量化车身结构件、发动机零部件等；在电子产品领域，铝合金粉末可用于制造散热器、导热片等热管理部件。

二、塑料粉末的种类与性能特点

塑料粉末作为增材制造中的另一种重要原材料，其种类和性能特点同样对最终产品的质量和性能产生重要影响。下面我们将介绍几种常见的塑料粉末及其性能特点。

（一）聚酰胺粉末

聚酰胺粉末，也称为尼龙粉末，具有优异的机械性能、耐磨性和耐化学腐蚀性。它的熔点适中，易于加工成形，因此广泛应用于增材制造领域。聚酰胺粉末制造的部件具有较高的强度和刚度，同时保持良好的韧性和耐冲击性能。此外，聚酰胺粉末还具有良好的热稳定性和尺寸稳定性，适用于制造需要承受一定温度和压力变化的部件。

（二）聚碳酸酯粉末

聚碳酸酯粉末是一种高性能的工程塑料，具有极高的透明度、良好的耐热性和抗冲击性能。它的熔点较高，需要较高的能量输入才能实现完全熔化，但熔化后的粉末能够形成光滑、细腻的表面。聚碳酸酯粉末制造的部件通常用于需要高透明度和高机械性能的场合，如医疗器械、汽车灯具等。

（三）热塑性聚氨酯粉末

热塑性聚氨酯粉末具有优异的弹性和耐磨性，同时保持良好的机械强度和耐化学腐蚀性。它的加工温度范围较宽，易于调整和控制，这使得制造过程更加灵活和高效。热塑性聚氨酯粉末制造的部件通常用于需要良好弹性和耐磨性的场合，如运动鞋底、密封件等。

三、粉末材料的选择依据与标准

在选择金属粉末和塑料粉末时，我们需要综合考虑多个因素，以确保所选材料能够满足特定应用的需求。以下是一些常见的选择依据与标准：

（一）应用需求

首先，我们需要根据实际应用需求来确定所需的材料类型。例如，对于需要承受高温度和压力的部件，应选择具有优异耐热性和机械性能的金属粉末；对于需要高透明度和良好弹性的部件，则应选择聚碳酸酯或热塑性聚氨酯等塑料粉末。

（二）成形性能

粉末材料的成形性能是选择的重要依据之一。良好的成形性能意味着粉末在熔化过程中能够均匀流动、填充模具，从而制造出具有复杂结构和精细细节的部件。因此，在选择粉末材料时，我们需要关注其流动性、润湿性和熔化温度等成形性能指标。

（三）机械性能

机械性能是评估粉末材料质量的关键指标之一，包括强度、硬度、韧性等在内的机械性能直接影响着最终产品的使用性能和寿命。因此，在选择粉末材料时，我们需要根据应用需求来评估其机械性能是否满足要求。

（四）成本因素

成本也是选择粉末材料时需要考虑的重要因素之一。不同种类和品牌的粉末材料价格差异较大，因此需要在满足应用需求的前提下，尽量选择性价比高的材料。同时，我们还需要考虑材料的加工成本、后期维护成本等因素，以确保整体成本的优化。

综上所述，金属粉末和塑料粉末的选择与特性是增材制造过程中的重要环节。通过了解不同种类粉末的性能特点和应用范围，结合实际应用需求和成本因素，我们可以合理选择适合的粉末材料，为制造出高质量、高性能的部件提供有力保障。

在选择粉末材料时，我们还需要注意以下几点：

首先，要确保所选粉末材料的纯度和粒度分布满足要求。高纯度的粉末材料能够减少制造过程中的杂质和缺陷，提高部件的质量和性能。而粒度分布均匀的粉末材料则能够确保熔化过程中的均匀性和一致性，提高成形精度和表面质量。

其次，要考虑粉末材料的稳定性和储存条件。一些粉末材料在长时间储存或不当储存条件下可能会发生变质或结块，影响使用效果。因此，在选择粉末材料时，我们需要了解其稳定性和储存要求，并采取相应的措施进行妥善保管。

再次，还需要关注粉末材料的环保性和可持续性。随着环保意识的提高，越来越多的行业开始关注材料的环保性能。在选择粉末材料时，应优先选择那些可回收、可降解或对环境影响较小的材料，以推动绿色制造和可持续发展。

最后，金属粉末和塑料粉末的选择与特性在增材制造过程中具有举足轻重的地位。通过综合考虑应用需求、成形性能、机械性能、成本因素及材料的纯度、稳定性、环保性等方面的要求，我们可以合理选择适合的粉末材料，为制造出高质量、高性能的部件奠定坚实基础。同时，随着科技的不断进步和市场的不断发展，相信未来会有更多新型、高性能的粉末材料涌现出来，为增材制造领域的发展注入新的活力。

第三节　粉末床熔化增材制造工艺的优势与挑战

一、烧结材料的种类及其适用范围

激光烧结技术作为一种重要的增材制造方法，其应用的成功很大程度上取决于所使用的烧结材料。烧结材料的种类繁多，每种材料都有其独特的特性及适用范围。以下我们将介绍几种常见的烧结材料及其适用场景。

首先是金属粉末，如不锈钢、钛合金和铝合金等。这些材料具有较高的熔点、优异的机械性能和良好的耐腐蚀性，适用于制造要求高强度、高耐磨性和高耐腐蚀性的部件，如航空航天零件、医疗器械等。金属粉末的激光烧结可以制备出具有复杂形状和高精度尺寸的部件，满足高端制造业的需求。

其次是陶瓷粉末，如氧化铝、氮化硅和碳化硅等。陶瓷材料具有高温稳定性、高硬度和良好的耐磨性，因此在制造高温部件、耐磨件和耐腐蚀件等方面具有广泛应用。激光烧结陶瓷粉末可以制备出结构复杂、性能优异的陶瓷部件，如发动机喷嘴、刀具等。

再次，高分子材料也是激光烧结技术的重要应用对象。聚酰胺、聚碳酸酯和热塑性聚氨酯等高分子粉末材料具有良好的成形性和可加工性，适用于制造结构复杂、精度要求高的塑料部件。这些部件广泛应用于汽车、电子、医疗等领域，如汽车零部件、电子外壳和医疗器械等。

最后，还有一些特殊的烧结材料，如复合材料和纳米材料等。复合材料结合了不同材料的优点，具有优异的综合性能；纳米材料则具有独特的纳米效应，表现出更高的强度和更好的性能。这些特殊材料在激光烧结技术中也有着广阔的应用前景。

在选择烧结材料时，我们需要综合考虑材料的性能、成本、加工难度及应用领域的需求。不同的材料具有不同的优缺点和适用范围，因此需要根据具体的应用场景来选择合适的材料。

二、烧结材料的物理与化学性能

烧结材料的物理与化学性能对于激光烧结工艺的成功具有重要影响。以下我们将从物理性能和化学性能两个方面对烧结材料进行分析。

物理性能方面，烧结材料的熔点、热膨胀系数、密度和导热性等特性是激光烧结过程中需要考虑的关键因素。熔点决定了烧结过程中所需的激光功率和扫描速度，高熔点的材料需要更高的激光能量才能实现熔化；热膨胀系数影响烧结部件在冷却过程中的尺寸稳定性，需要选择合适的材料以减小热膨胀引起的变形；密度和导热性则影响烧结部件的机械性能和热性能，需要根据应用需求进行材料选择。

化学性能方面，烧结材料的化学稳定性、反应活性及与其他材料的相容性对于烧结过程的质量控制具有重要意义。化学稳定性好的材料在烧结过程中不易发生化学反应，有利于保持材料的性能稳定；反应活性高的材料在烧结过程中易于与其他材料发生反应，形成新的化合物，但也可能导致性能下降；材料之间的相容性则关系到烧结部件的整体性能和界面质量。

因此，在选择烧结材料时，我们需要充分考虑其物理与化学性能，并结合具体的激光烧结工艺参数进行调整和优化，以获得高质量的烧结部件。

三、材料性能对激光烧结工艺的影响

材料性能对激光烧结工艺的影响主要体现在以下几个方面：

首先，材料的熔点直接影响激光烧结过程中的能量需求。熔点较高的材料需要更高的激光功率和更长的扫描时间才能实现完全熔化，这会增加工艺难度和成本。因此，在选择材料时我们需要考虑其熔点与激光烧结设备的匹配度。

其次，材料的热物理性能如热膨胀系数、导热性等会影响烧结部件的尺寸稳定性和热性能。热膨胀系数大的材料在烧结过程中容易产生变形和开裂等问题，而导热性差的材料则可能导致热量积累，影响烧结质量和效率。因此，在选择材料时我们需要综合考虑其热物理性能与工艺要求的匹配度。

再次，材料的化学性能也会对激光烧结工艺产生影响。例如，某些材料在激光作用下可能发生化学反应，生成气体或挥发性物质，导致烧结部件出现气孔、裂纹等缺陷。因此，在选择材料时我们需要注意其化学稳定性及与其他材料的相容性。

最后，材料的粒度、形状和流动性等物理特性也会对激光烧结工艺产生影响。粒度均匀、形状规则的材料有利于粉末的均匀铺设和激光的均匀加热，从而提高烧结部件的质量和精度。因此，在制备烧结材料时需要注意其物理特性的控制。

综上所述，材料性能对激光烧结工艺具有重要影响。在选择烧结材料时，我们需要综合考虑其物理与化学性能及工艺要求，以获得高质量的烧结部件。同时，在实际应用中，我们还需要根据具体的工艺参数和设备条件对材料进行选择和调整，以实现最佳的烧结效果。

第四节　粉末床熔化增材制造在航空航天领域的应用

一、粉末床熔化增材制造工艺的主要优势

粉末床熔化增材制造工艺作为一种先进的制造技术，在多个方面展现出显著的优势。以下是该工艺的主要优势：

（一）高度自由的设计能力

粉末床熔化增材制造工艺能够直接根据三维模型数据制造出复杂的几何形状，无

需经过传统的模具制造和切削加工等烦琐步骤。这种高度自由的设计能力使得制造过程更加灵活，能够满足各种复杂的形状和结构设计需求，大大拓宽了产品的设计空间。

（二）材料选择多样

粉末床熔化增材制造工艺所使用的材料种类丰富，包括金属、陶瓷、高分子等多种材料。这种多样性使得该工艺能够根据不同的应用需求选择最合适的材料，实现定制化生产。同时，一些特殊材料的应用也进一步拓宽了粉末床熔化增材制造工艺的应用领域。

（三）高效的生产效率

粉末床熔化增材制造工艺采用逐层堆积的方式制造零件，能够实现快速原型制作和小批量生产。与传统的切削加工相比，该工艺无须刀具和夹具，减少了加工时间和成本。此外，通过优化工艺参数和引入自动化设备，我们可以进一步提高生产效率，满足快速响应市场需求的要求。

二、粉末床熔化增材制造工艺的技术难点

尽管粉末床熔化增材制造工艺具有诸多优势，但在实际应用中也面临着一些技术难点。以下是该工艺的主要技术难点：

（一）精度控制

粉末床熔化增材制造工艺的精度受到多种因素的影响，如粉末粒度、激光功率、扫描速度等。这些因素的不稳定性可能导致制造出的零件尺寸精度和表面质量达不到要求。因此，如何精确控制这些因素，实现高精度制造是该工艺需要解决的关键问题。

（二）材料性能优化

粉末床熔化增材制造工艺所使用的材料在熔化过程中可能发生组织变化和性能退化，导致制造出的零件性能不稳定。此外，不同材料之间的相容性和界面问题也可能影响零件的整体性能。因此，如何优化材料性能，提高零件的力学性能和可靠性是该工艺需要解决的另一个重要问题。

（三）设备稳定性与可靠性

粉末床熔化增材制造工艺的设备结构复杂，涉及激光系统、粉末铺设系统、控制系统等多个部分。这些设备的稳定性和可靠性直接影响到制造过程的顺利进行和零件的质量。因此，如何提高设备的稳定性和可靠性，减少故障率和维护成本是该工艺需要面对的挑战。

三、粉末床熔化增材制造工艺的改进策略

针对粉末床熔化增材制造工艺的技术难点，以下是一些可能的改进策略：

（一）优化工艺参数

通过深入研究工艺参数对制造精度和性能的影响，优化激光功率、扫描速度、粉末粒度等关键参数，提高零件的精度和性能。同时，建立工艺参数数据库和专家系统，为实际生产提供指导和支持。

（二）研发新型材料

针对现有材料的不足，研发具有更好性能的新型材料，如高强度、高韧性、高耐磨性的金属材料或具有特殊功能的复合材料。同时，研究不同材料之间的相容性和界面问题，提高零件的整体性能。

（三）提高设备性能

通过改进设备结构、优化控制系统、提高关键部件的精度和稳定性等方式，提高设备的整体性能。同时，引入先进的自动化技术和智能化技术，实现设备的自动监测、故障诊断和远程维护等功能，降低维护成本和故障率。

综上所述，粉末床熔化增材制造工艺在高度自由的设计能力、材料选择多样性和高效的生产效率等方面具有显著优势。然而，该工艺也面临着精度控制、材料性能优化和设备稳定性与可靠性等技术难点。通过优化工艺参数、研发新型材料和提高设备性能等改进策略，我们可以进一步推动粉末床熔化增材制造工艺的发展和应用。

第五节　粉末床熔化增材制造的未来发展方向

一、粉末床熔化增材制造技术的创新趋势

粉末床熔化增材制造技术的未来创新趋势将主要围绕提升制造效率、优化工艺参数、增强材料性能和拓宽应用领域等方面展开。

（一）高效能激光与电子束系统的发展

随着激光与电子束技术的不断进步，未来粉末床熔化增材制造将采用更高效能的激光与电子束系统。这些系统不仅能够提供更高的能量密度和更精确的扫描控制，还能够实现更快的扫描速度和更短的加工周期，从而大幅提高制造效率。

（二）智能算法与监测技术的引入

为了实现对粉末床熔化增材制造过程的精确控制，未来技术将更加注重智能算法与监测技术的引入。通过集成传感器、图像识别技术和大数据分析等先进手段，实现对制造过程中温度、应力、变形等关键参数的实时监测和反馈，为工艺参数的优化提

供数据支持。

（三）多材料复合与梯度材料制造的探索

随着材料科学的不断发展，粉末床熔化增材制造将逐渐实现多材料复合与梯度材料的制造。通过在同一部件中集成不同性能的材料，实现材料性能的定制化设计，以满足复杂环境下的使用需求。同时，梯度材料的制造也将为高性能部件的设计提供新的思路。

二、粉末床熔化增材制造材料的研究方向

粉末床熔化增材制造材料的研究方向将致力于开发新型高性能材料、优化现有材料的性能及拓展材料的应用范围。

（一）高性能金属与合金的开发

针对航空航天、汽车制造等高端制造领域的需求，未来粉末床熔化增材制造将注重高性能金属与合金的开发。这些材料应具有优异的强度、韧性、耐腐蚀性及高温稳定性等特点，以满足复杂环境下的使用需求。

（二）陶瓷与复合材料的研究

陶瓷与复合材料因其独特的性能在多个领域具有广阔的应用前景。未来粉末床熔化增材制造将加强对这类材料的研究，通过优化制备工艺和改善材料性能，实现其在高端制造领域的广泛应用。

（三）生物相容性材料的探索

随着生物医疗领域的不断发展，粉末床熔化增材制造将逐渐关注生物相容性材料的开发。这类材料应具有良好的生物相容性、可降解性及组织再生能力等特点，为组织工程、医疗器械等领域提供新的解决方案。

三、粉末床熔化增材制造在航空航天领域的拓展应用

航空航天领域对高性能、轻量化和复杂结构部件的需求使得粉末床熔化增材制造在该领域具有广阔的应用前景。

（一）发动机部件的制造

发动机是航空航天器的核心部件之一，其性能直接关系到航空航天器的整体性能。粉末床熔化增材制造能够制造具有复杂内部结构和优化性能的发动机部件，如涡轮叶片、燃烧室等。通过精确控制材料的成分和微观结构，我们可以实现发动机部件的高温稳定性、抗疲劳性和耐腐蚀性等方面的提升。

（二）轻量化结构的设计与制造

航空航天器对轻量化要求极高，粉末床熔化增材制造可以通过优化结构设计和减

少材料浪费来实现轻量化目标。例如，通过拓扑优化方法设计具有最佳力学性能的轻量化结构，并利用粉末床熔化增材制造技术实现一次性制造。此外，采用轻质材料和复合材料进行制造也是实现轻量化的重要途径。

（三）功能梯度材料的制备

功能梯度材料是一种具有梯度变化性能的材料，能够适应不同环境和载荷条件下的使用需求。粉末床熔化增材制造可以通过精确控制材料的成分和梯度变化来制备功能梯度材料，为航空航天器的热防护、减振降噪等方面提供新的解决方案。

综上所述，粉末床熔化增材制造技术的创新趋势、材料研究方向及在航空航天领域的拓展应用都展现出了广阔的发展前景。随着技术的不断进步和应用领域的拓展，粉末床熔化增材制造将在未来制造业中扮演越来越重要的角色。

第五章 激光烧结增材制造技术

第一节 激光烧结原理与设备介绍

一、激光烧结技术的物理基础与工作原理

激光烧结技术，作为一种重要的增材制造方法，其物理基础和工作原理建立在激光与物质相互作用的基础之上。激光，作为一种高亮度的相干光，具有能量密度高、方向性好、单色性好等特点，这使得它能够在局部区域内对材料进行高效加热和熔化。

激光烧结技术的工作原理主要包括以下几个步骤：首先，通过计算机设计并生成所需的三维模型数据；然后，将这些数据导入激光烧结设备中，设备根据数据控制激光束的扫描路径和功率；接下来，激光束按照预设的扫描路径在粉末材料表面进行扫描，激光的能量使粉末材料在扫描区域内局部熔化或烧结；最后，通过逐层堆积的方式，熔化或烧结的粉末材料逐层叠加，最终形成所需的三维实体。

在激光烧结过程中，粉末材料的熔化或烧结状态受到多种因素的影响，包括激光功率、扫描速度、粉末材料特性等。因此，通过精确控制这些参数，我们可以实现对烧结过程的精确调控，从而获得具有所需性能和精度的部件。

二、激光烧结设备的构成与核心技术

激光烧结设备是实现激光烧结技术的重要工具，其构成主要包括以下几个部分：激光系统、粉末铺设系统、控制系统、工作台及冷却系统等。

激光系统是激光烧结设备的核心部分，它负责产生并控制激光束的输出。激光器的类型、功率和稳定性直接影响到烧结过程的质量和效率。目前，常用的激光器有固体激光器、光纤激光器和 CO_2 激光器等。

粉末铺设系统负责将粉末材料均匀地铺设在工作台上，形成一层薄薄的粉末层。粉末铺设的精度和均匀性对烧结过程的稳定性和最终部件的质量有着重要影响。

控制系统是激光烧结设备的"大脑"，它根据计算机生成的三维模型数据，控制激光系统的扫描路径和功率，以及粉末铺设系统的运作。控制系统的精度和稳定性直接影响到烧结过程的精确性和重复性。

工作台是激光烧结过程中的支撑平台，它承载着粉末材料和已烧结的部件，确保烧结过程的顺利进行。工作台的精度和稳定性对于保证部件的几何精度和表面质量至

关重要。

冷却系统则用于在烧结过程中对设备进行冷却，以防止设备过热导致的性能下降或损坏。冷却系统的有效性直接影响到设备的稳定性和使用寿命。

除了以上几个主要部分外，激光烧结设备还可能包括一些辅助设备，如气氛控制系统、除尘系统等，以进一步优化烧结过程和提高部件质量。

在核心技术方面，激光烧结设备涉及了激光技术、精密机械技术、控制技术等多个领域。其中，激光束的精确控制、粉末材料的均匀铺设、烧结过程的精确调控等都是激光烧结设备的核心技术。

三、激光烧结设备的性能评估与选型

激光烧结设备的性能评估是选型过程中的重要环节，它有助于用户了解设备的性能特点、适用范围及潜在风险，从而选择最适合自己需求的设备。

性能评估主要包括以下几个方面：首先是设备的成型精度和表面质量，这直接影响到最终部件的几何精度和外观质量；其次是设备的成型速度和效率，这关系到生产周期和成本；此外，设备的稳定性和可靠性也是重要的评估指标，它决定了设备能否长时间稳定运行并保持良好的性能。

在选型过程中，用户需要根据自己的实际需求和预算来选择合适的激光烧结设备。例如，对于需要制造高精度部件的用户来说，应选择具有高成型精度和表面质量的设备；而对于需要大规模生产的用户来说，则应选择具有高成型速度和效率的设备。

此外，用户还需要考虑设备的操作和维护便利性。一些先进的激光烧结设备配备了智能化的操作系统和故障诊断系统，这使得设备的操作更加简便、维护更加容易。这些设备通常还具有较高的自动化程度，能够减少人工干预，提高生产效率。

综上所述，激光烧结技术以其独特的物理基础和工作原理，在增材制造领域发挥着重要作用。而激光烧结设备的构成与核心技术则是实现这一技术的关键所在。在选型过程中，用户需要综合考虑设备的性能特点、适用范围及操作维护便利性等因素，以选择最适合自己需求的设备。

第二节　烧结材料与特性

在粉末床熔化增材制造中，烧结材料的选择和特性对最终产品的质量和性能具有至关重要的影响。烧结材料种类繁多，每种材料都有其独特的物理和化学性能，而这些性能又直接影响激光烧结工艺的效果。因此，深入了解烧结材料的种类、性能及其对激光烧结工艺的影响，对于优化制造过程和提高产品质量具有重要意义。

一、烧结材料的种类及其适用范围

烧结材料主要包括金属粉末、陶瓷粉末、高分子粉末及复合粉末等。这些材料因

其独特的性能而适用于不同的应用领域。

金属粉末是烧结材料中最为常见的一类，包括不锈钢、钛合金、铝合金等。金属粉末具有良好的导电性、导热性和机械性能，因此广泛应用于航空航天、汽车制造等领域。陶瓷粉末则以其高硬度、高耐磨性和良好的化学稳定性而著称，常用于制造刀具、磨具和耐高温部件。高分子粉末具有良好的可塑性和加工性能，适用于制造形状和结构复杂的部件。复合粉末则是将两种或多种材料混合后进行烧结，以获得具有多种性能优势的材料。

在选择烧结材料时，我们需根据具体的应用需求和工艺条件进行综合考虑。例如，对于需要承受高温和高压的部件，我们应选择具有优异耐高温性能的陶瓷粉末；对于需要具有良好介电性能的部件，则应选择金属粉末。

二、烧结材料的物理与化学性能

烧结材料的物理性能主要包括密度、硬度、强度、韧性等，这些性能直接决定了材料的力学性能和加工性能。例如，密度高的材料通常具有更好的强度和硬度，而韧性好的材料则更易于加工和成型。

化学性能则涉及材料的稳定性、耐腐蚀性和反应活性等方面。稳定性好的材料在使用过程中不易发生化学变化，从而保证了产品的长期使用性能。耐腐蚀性强的材料则能在恶劣环境下保持其性能稳定，适用于制造需要承受腐蚀性介质的部件。

此外，烧结材料的物理和化学性能还受其微观结构的影响。例如，晶粒大小、孔隙率和相组成等因素都会影响材料的性能。因此，在制备烧结材料时，我们需通过控制这些因素来优化材料的性能。

三、材料性能对激光烧结工艺的影响

激光烧结工艺是通过激光束对粉末材料进行加热，使其熔化并黏结在一起形成固体部件的过程。材料性能对激光烧结工艺的影响主要体现在以下几个方面：

首先，材料的熔点、热导率和热膨胀系数等热学性能会影响激光烧结过程中的温度分布和热量传递。熔点较低的材料在激光作用下更易熔化，但过高的热导率可能导致热量迅速散失，影响烧结效果。因此，在选择烧结材料时，我们需考虑其热学性能与激光烧结工艺的匹配度。

其次，材料的吸收率、反射率和散射率等光学性能会影响激光能量的利用效率。具有高吸收率的材料能更有效地吸收激光能量，从而提高烧结速度和效率。因此，在选择烧结材料时，我们应尽量选择具有高吸收率的材料。

再次，材料的成分、微观结构和力学性能也会影响激光烧结工艺的稳定性和产品质量。例如，含有易挥发成分的材料在烧结过程中可能产生气孔和缺陷，影响产品的致密性和强度。因此，在选择烧结材料时，我们需综合考虑其成分和微观结构对激光烧结工艺的影响。

最后，烧结材料的种类、物理与化学性能及其对激光烧结工艺的影响是相互关联且相互影响的。在实际应用中，我们需根据具体需求选择合适的烧结材料，并通过优化激光烧结工艺参数来充分发挥材料的性能优势，实现高质量、高效率的制造过程。

第三节　激光烧结增材制造在汽车工业领域的应用

激光烧结增材制造作为一种先进的制造技术，近年来在汽车工业领域得到了广泛应用。其高精度、高效率及定制化制造能力，使得激光烧结技术在汽车零部件制造、原型设计与开发及个性化定制等方面展现出了巨大的潜力。

一、激光烧结在汽车零部件制造中的应用

激光烧结技术以其独特的制造方式，在汽车零部件制造中发挥着重要作用。首先，在复杂结构零部件的制造方面，激光烧结技术通过逐层堆积的方式，能够制造出具有复杂内部结构和形状的零部件。这种能力使得激光烧结技术在制造发动机部件、底盘部件及车身结构件等复杂零部件时具有显著优势。

其次，激光烧结技术还广泛应用于轻量化零部件的制造。通过优化材料选择和设计，激光烧结技术可以制造出具有优异力学性能和较低重量的零部件，从而减轻汽车的整体重量，提高燃油效率和性能。例如，激光烧结技术可以制造出高强度铝合金或钛合金的轻量化零部件，这些材料具有优异的强度和韧性，同时重量较轻，适用于汽车底盘和车身结构件的制造。

最后，激光烧结技术还在汽车零部件的功能性制造方面发挥着重要作用。通过添加特殊的材料或进行后处理，激光烧结制造的零部件可以具有特定的功能，如耐磨、耐腐蚀、隔热等。这使得激光烧结技术在制造刹车系统、排气系统及发动机热管理部件等具有特殊功能需求的零部件时具有独特的优势。

二、激光烧结在汽车原型设计与开发中的应用

在汽车原型设计与开发阶段，激光烧结技术同样发挥着重要作用。首先，激光烧结技术能够快速制造出原型件，为设计师和工程师提供实物模型。这种快速原型制造能力大幅缩短了汽车的开发周期，提高了设计效率。

其次，激光烧结技术能够制造出具有复杂形状和结构的原型件，使得设计师能够更加自由地探索新的设计理念和创新结构。这种灵活性有助于推动汽车设计的创新和发展，为汽车市场带来更加多样化和个性化的产品。

最后，激光烧结技术还可以制造出具有特定性能和功能的原型件，如耐高温、耐腐蚀等。这使得设计师能够更准确地评估零部件在实际使用环境中的性能表现，为后续的工程开发和生产提供重要的参考依据。

三、激光烧结在汽车个性化定制中的潜力

随着消费者对汽车个性化需求的增加，激光烧结技术在汽车个性化定制方面展现

出巨大的潜力。首先，激光烧结技术能够根据消费者的个性化需求快速制造出定制化的零部件，如个性化车标、内饰件及外观装饰件等。这种定制化制造能力能够满足消费者对汽车外观和内饰的个性化追求，提升汽车的市场竞争力。

其次，激光烧结技术还能够实现汽车部件的模块化设计和制造。将不同的功能模块组合在一起，可以制造出具有不同功能和性能的定制化汽车。这种模块化制造方式不仅提高了汽车的制造效率，还为消费者提供了更加灵活和多样化的选择。

再次，激光烧结技术还可以与其他先进制造技术相结合，如3D打印技术、机器人技术等，共同实现汽车个性化定制的高效、高精度制造。这种集成制造方式将进一步提升汽车个性化定制的水平和质量，满足消费者对高品质、高性能的个性化汽车的需求。

最后，激光烧结增材制造在汽车工业领域的应用具有广阔的前景和潜力。通过不断优化激光烧结技术，结合汽车工业的实际需求，相信未来激光烧结技术将在汽车零部件制造、原型设计与开发及个性化定制等方面发挥更加重要的作用，推动汽车工业的持续发展。

第四节　激光烧结增材制造的未来发展方向

激光烧结增材制造作为一种先进的制造技术，近年来得到了广泛关注和应用。随着科技的不断进步和工业需求的日益增长，激光烧结增材制造的未来发展方向充满了无限可能。

一、激光烧结技术的创新与发展趋势

（一）对高精度与高效率的追求

随着制造业对产品质量和效率要求的不断提高，激光烧结技术也在不断追求更高的精度和效率。未来，激光烧结技术将致力于优化激光束的控制，提高烧结过程的稳定性和可靠性。同时，通过改进扫描策略和路径规划，实现更快的加工速度和更高的制造效率。

（二）智能化与自动化水平的提升

智能化与自动化是制造业发展的重要趋势，激光烧结技术也不例外。未来，激光烧结设备将集成更多的传感器和智能控制系统，实现对烧结过程的实时监测和反馈。通过数据分析和机器学习技术，实现对工艺参数的自动优化和调整，进一步提高制造过程的智能化与自动化水平。

（三）多功能化与集成化的发展

为了满足不同领域和行业的多样化需求，激光烧结技术将向多功能化和集成化方向发展。未来，激光烧结设备将能够处理更多种类的材料，实现多种材料的复合制造。同时，通过与其他先进制造技术的融合，如3D打印、机器人技术等，形成更为完整和高效的制造系统，为制造业的转型升级提供有力支持。

二、新型烧结材料的研发与应用

（一）高性能复合材料的开发

随着航空航天、汽车制造等领域对材料性能要求的不断提高，对高性能复合材料的研发成为激光烧结技术的重要方向。未来，研究人员将致力于开发具有优异力学性能、热稳定性和耐腐蚀性的复合材料，以满足高端制造领域的需求。

（二）生物相容性材料的创新

生物医疗领域对材料的要求极为严格，尤其是生物相容性方面。未来，激光烧结技术将关注生物相容性材料的研发，如生物陶瓷、生物高分子等。这些材料将具有良好的生物相容性、可降解性及组织再生能力，为组织工程、医疗器械等领域提供新的解决方案。

（三）环保型材料的推广

随着环保意识的日益增强，环保型材料的研发和应用成为制造业的重要趋势。未来，激光烧结技术将注重对环保型材料的研发，通过优化材料成分和制造工艺，降低制造过程中的能耗和排放。同时，推广使用可再生资源和循环利用材料，实现制造业的可持续发展。

三、激光烧结增材制造在汽车工业中的拓展应用

（一）轻量化零部件的制造

随着汽车工业的快速发展，轻量化成为提高汽车性能和降低能耗的重要手段。激光烧结技术凭借其独特的制造方式，能够制造出具有优异力学性能和较低重量的轻量化零部件。未来，激光烧结技术将在汽车底盘、车身结构件及发动机部件等关键部位实现更广泛的应用，推动汽车的轻量化进程。

（二）个性化定制零部件的生产

随着消费者对汽车个性化需求的增加，个性化定制零部件的生产成为汽车工业的重要发展方向。激光烧结技术能够快速、灵活地制造出具有复杂形状和结构的个性化零部件，满足消费者的个性化需求。未来，激光烧结技术将在汽车外观装饰件、内饰件及功能性部件等方面实现更广泛的应用，推动汽车工业的个性化发展。

（三）汽车原型设计与开发的高效实现

在汽车原型设计与开发阶段，激光烧结技术能够快速制造出原型件，为设计师和

工程师提供实物模型。未来，随着激光烧结技术的不断创新和发展，其在汽车原型设计与开发中的应用将更加高效和精准。通过集成更多的设计软件和仿真工具，实现设计到制造的快速转换，缩短汽车的开发周期并提高设计效率。

综上所述，激光烧结增材制造在未来发展中将不断创新和完善技术体系，研发新型烧结材料，并在汽车工业等领域实现更广泛的应用。这些进步将推动激光烧结增材制造技术的快速发展，为制造业的转型升级和可持续发展提供有力支持。同时，我们也需要关注激光烧结技术的潜在风险和挑战，如设备成本、材料性能稳定性等问题，并积极寻求解决方案，以促进激光烧结技术的健康发展。

第六章　喷墨增材制造技术

第一节　喷墨原理与设备介绍

一、喷墨打印技术的基本原理与工作过程

喷墨打印技术作为现代办公与印刷领域的重要技术之一，以其高效、灵活、低成本的特点受到了广泛的关注和应用。其基本原理与工作过程涉及精密的机械设计、电子控制及墨水化学等多个方面，下面我们将详细阐述。

（一）喷墨打印技术的基本原理

喷墨打印技术的基本原理是通过将墨水以极小的液滴形式喷射到纸张或其他介质上，形成所需的文字或图像。这一过程的实现依赖于喷墨打印头的精密设计和控制。喷墨打印头通常由喷嘴板、压电晶体、墨水腔等部分组成。当需要打印时，计算机或其他设备向打印机发送打印指令，打印机内部的控制系统接收到指令后，会控制喷墨打印头中的压电晶体发生形变，进而对墨水腔产生压力，使墨水从喷嘴中喷出。

喷墨打印技术可以分为两种主要类型：连续喷墨技术和压电式喷墨技术。连续喷墨技术是通过连续不断地喷射墨水，并利用电荷控制墨滴的飞行方向，使其选择性地落在纸张上。而压电式喷墨技术则是通过压电晶体产生压力，使墨水在需要时从喷嘴中喷出，实现按需喷墨。

（二）喷墨打印技术的工作过程

喷墨打印技术的工作过程可以分为以下几个步骤：

预处理阶段：在打印开始之前，打印机会进行一系列的预处理操作。这包括检查墨盒的墨水余量、清洁打印头、进行打印头校准等。这些操作旨在确保打印机处于最佳工作状态，为后续的打印任务做好准备。

数据接收与解析阶段：当计算机或其他设备向打印机发送打印指令时，打印机首先会接收并解析这些指令。这一过程涉及将图像或文字信息转换为打印机可以理解的代码，确定需要打印的内容、颜色、位置等信息。

墨水喷射阶段：在数据解析完成后，打印机会控制喷墨打印头进行墨水喷射。根据打印指令的要求，喷墨打印头中的压电晶体会按照特定的顺序和频率发生形变，产

生压力将墨水从喷嘴中喷出。这些墨水液滴以极快的速度飞向纸张，并在精确的位置上形成所需的图像或文字。

纸张传输阶段：在墨水喷射的同时，打印机内部的纸张传输机构会按照预设的速度和方向将纸张送入打印区域。这一过程需要确保纸张的传输速度与墨水的喷射速度相匹配，以实现高质量的打印效果。

固化与干燥阶段：当墨水喷射到纸张上后，需要经过一段时间的固化和干燥才能形成稳定的图像或文字。在这一过程中，墨水中的溶剂会逐渐挥发，颜料颗粒会固定在纸张上。为了加速这一过程，一些高端打印机会配备加热装置，通过提高纸张的温度来加速墨水的固化和干燥。

打印完成与后续处理阶段：当所有打印任务完成后，打印机会将纸张送出并准备进行下一次打印任务。同时，用户还可以根据需要进行一些后续处理操作，如裁剪、装订等。

（三）喷墨打印技术的优势与挑战

喷墨打印技术以其独特的优势在印刷领域占据了重要地位。首先，它具有高度的灵活性和适应性，可以打印出各种颜色、字体和图案，满足多样化的打印需求。其次，喷墨打印技术的成本相对较低，适用于大规模生产和个性化定制。此外，随着技术的不断发展，喷墨打印的速度和质量也在不断提高，这使得其在商业、教育、家庭等领域得到了广泛应用。

然而，喷墨打印技术也面临着一些挑战。首先，墨水的化学成分和固化过程可能对环境产生一定影响，需要关注环保问题。其次，喷墨打印头的精度和寿命对打印质量具有重要影响，需要定期维护和更换。此外，随着新型印刷技术的不断涌现，喷墨打印技术也需要不断创新和改进以保持竞争力。

总之，喷墨打印技术以其基本原理和工作过程为基础，实现了高效、灵活的打印功能。在未来发展中，随着技术的不断进步和创新，喷墨打印技术有望在更多领域发挥重要作用，为人类生活带来更多便利和美好。

二、喷墨打印设备的结构与性能特点

喷墨打印设备作为现代办公与印刷领域的重要工具，其结构与性能特点直接影响着打印质量和效率。下面我们将详细阐述喷墨打印设备的结构组成及其所具备的性能特点。

（一）喷墨打印设备的结构组成

喷墨打印设备的结构通常包括以下几个主要部分：

打印头：作为喷墨打印设备的核心部件，打印头负责将墨水喷射到纸张上。它通常由喷嘴板、压电晶体、墨水腔等部件构成。喷嘴板上密布着微小的喷嘴，通过压电晶体的形变产生压力，将墨水从喷嘴中喷出。

墨盒：墨盒是储存墨水的容器，通常分为彩色墨盒和黑色墨盒两种。墨盒内部设有墨水腔和过滤器等部件，确保墨水的顺畅供应和过滤杂质。一些高端打印机还采用了连供系统，可以实现墨水的连续供应，提高打印效率。

纸张传输机构：纸张传输机构负责将纸张送入打印区域，并按照预设的速度和方向进行传输。它通常由进纸辊、出纸辊、传动带等部件组成，确保纸张在打印过程中的平稳传输。

控制电路：控制电路是喷墨打印设备的"大脑"，负责接收并解析打印指令，控制打印头、墨盒、纸张传输机构等部件的协同工作。它通常由主板、电机驱动器等部件构成，实现精确控制和调节。

外壳与支架：外壳与支架是喷墨打印设备的外部结构，起到保护和支撑作用。它们通常采用金属或塑料材质制成，具有良好的耐用性和稳定性。

（二）喷墨打印设备的性能特点

喷墨打印设备在性能上具有以下特点：

打印质量高：喷墨打印技术通过精密控制墨滴的喷射，可以实现高分辨率、高清晰度的打印效果。无论是文字还是图像，都能呈现出细腻、自然的质感，满足用户对打印质量的高要求。

打印速度快：随着技术的不断发展，喷墨打印设备的打印速度也在不断提升。一些高端打印机甚至可以实现高速连续打印，大大提高了工作效率。

适用范围广：喷墨打印设备适用于各种纸张和介质，包括普通纸张、照片纸、卡片纸等。同时，它还可以打印出各种颜色、字体和图案，满足用户多样化的打印需求。

操作简便：喷墨打印设备的操作通常较为简单，用户只需将需要打印的文件发送到打印机，然后按下打印按钮即可完成打印任务。一些高端打印机还配备了触摸屏等智能化操作界面，这使得操作更加便捷。

成本较低：相比其他印刷方式，喷墨打印技术的成本相对较低。墨盒和纸张等耗材价格适中，且易于购买和更换。这使得喷墨打印设备成为许多家庭和中小企业的首选打印方案。

（三）喷墨打印设备的创新与发展趋势

随着科技的不断进步和市场需求的不断变化，喷墨打印设备也在不断创新和发展。未来，喷墨打印设备将呈现以下发展趋势：

智能化发展：随着物联网、人工智能等技术的融合应用，喷墨打印设备将实现更加智能化的操作和管理。用户可以通过手机、平板等设备远程控制和监控打印机的工作状态，实现更加便捷和高效的打印体验。

绿色环保：环保意识的日益增强使得绿色环保成为喷墨打印设备发展的重要方向。未来，喷墨打印设备将采用更加环保的墨水材料和打印技术，减少对环境的影响。同时，打印机还将具备节能降耗的功能，降低能源消耗。

多功能集成：为了适应不同用户的需求，喷墨打印设备将逐渐实现多功能集成。除了基本的打印功能外，还将具备复印、扫描、传真等多种功能，实现一机多用的便捷性。

高精度打印：随着人们对打印质量的要求不断提高，高精度打印将成为喷墨打印设备发展的重要方向。未来，喷墨打印技术将实现更高的分辨率和更细腻的打印效果，满足用户对高质量打印的需求。

综上所述，喷墨打印设备以其独特的结构和性能特点在印刷领域占据重要地位。随着技术的不断创新和发展，喷墨打印设备将在未来带来更加智能化、环保、多功能和高精度的打印体验，为人们的生活带来更多便利和美好。

三、喷墨打印设备的操作规范与维护保养

喷墨打印设备作为现代办公与印刷的重要工具，其正确的操作规范与定期的维护保养对于保证设备的正常运行、延长使用寿命及提高打印质量至关重要。下面我们将详细阐述喷墨打印设备的操作规范及维护保养的相关内容。

（一）喷墨打印设备的操作规范

1. 安装与连接

在安装喷墨打印设备时，应确保设备放置在平稳、通风、干燥的环境中，远离阳光直射和热源。同时，按照设备说明书的要求，正确连接电源线和数据线，确保设备稳定供电并与计算机或其他设备正常通信。

2. 开机与关机

在开机前，应检查设备的各项部件是否完好无损，确保墨盒已正确安装且墨水充足。开机时，按照设备提示进行操作，等待设备自检完成后即可开始打印任务。关机时，应首先关闭打印软件，然后按下设备上的关机按钮，等待设备完全关闭后再断开电源。

3. 打印操作

在进行打印操作时，应确保打印文件已正确加载到打印软件中，并根据需要选择合适的打印参数，如纸张类型、打印质量、颜色设置等。在打印过程中，我们应注意观察设备的运行状态和打印效果，如有异常应及时处理。

4. 清洁与保养

在打印任务完成后，应及时清洁设备的打印头和外壳，去除残留的墨水和灰尘。同时，定期对设备进行保养，如更换磨损的部件、清洁内部传动机构等，确保设备的正常运行和延长使用寿命。

（二）喷墨打印设备的维护保养

1. 墨盒与墨水的维护

墨盒作为喷墨打印设备的核心部件，其维护保养至关重要。应定期检查墨盒的墨水余量，及时更换空墨盒或添加墨水。同时，应注意选择质量可靠的墨盒和墨水，避免使用劣质产品导致打印质量下降或设备损坏。

2. 打印头的维护

打印头是喷墨打印设备的关键部件，其维护保养直接影响到打印质量。应定期清

洁打印头，去除堵塞的喷嘴和残留的墨水。在清洁时，应使用专用的清洁液或棉签轻轻擦拭，避免使用尖锐物品划伤打印头。

3. 传动机构的维护

传动机构是喷墨打印设备的重要组成部分，负责纸张的传输和定位。应定期检查传动机构的运行状态，清洁内部的灰尘和杂物，保持其良好的传动性能。同时，注意检查传动带和齿轮等部件的磨损情况，及时更换磨损严重的部件。

4. 设备的整体维护

除了对关键部件进行维护保养外，还应关注设备的整体运行状态。定期检查设备的电源线、数据线等连接是否牢固，避免松动或断裂导致设备故障。同时，注意设备的散热情况，保持通风口的畅通，避免设备过热影响正常运行。

（三）喷墨打印设备操作与维护的注意事项

1. 遵循操作规范

在操作喷墨打印设备时，应严格按照设备说明书和操作规程进行，避免不当操作导致设备损坏或故障。对于不熟悉的操作步骤，应查阅相关资料或咨询专业人员。

2. 注重安全事项

在使用喷墨打印设备时，应注意安全事项，如避免触摸设备的高温部件、避免在设备运行时打开设备盖等。同时，注意防火、防电击等安全措施的落实。

3. 定期维护与保养

为了确保喷墨打印设备的正常运行和延长使用寿命，应定期对设备进行维护与保养。这包括清洁设备、更换部件、检查设备性能等。同时，建立设备维护档案，记录设备的维护历史和性能变化，以便及时发现并解决问题。

4. 及时处理异常情况

在使用喷墨打印设备时，如遇到异常情况，如打印质量下降、设备故障等，应及时停止使用并查找原因。对于无法解决的问题，应及时联系专业维修人员进行处理，避免问题进一步恶化。

综上所述，喷墨打印设备的操作规范与维护保养对于保证设备的正常运行和打印质量至关重要。通过遵循操作规范、注重安全事项、定期维护与保养及及时处理异常情况等措施，我们可以确保喷墨打印设备的稳定运行和延长使用寿命，为办公与印刷工作提供有力支持。

第二节　喷墨材料与特性

一、喷墨材料的分类及其特性

喷墨打印技术作为现代印刷领域的重要分支，其打印效果不仅依赖于打印设备本身的性能，更与所使用的喷墨材料密切相关。喷墨材料的选择直接影响到打印质量、成本及使用过程中的稳定性。因此，对喷墨材料的分类及其特性进行深入了解，对于提高打印效果和降低成本具有重要意义。

（一）喷墨材料的分类

喷墨材料主要可以分为墨水、纸张和其他辅助材料三类。

1. 墨水

墨水是喷墨打印技术中最为核心的材料，其质量和性能直接决定了打印效果。根据墨水的成分和用途，我们可以将其分为染料墨水和颜料墨水两大类。

染料墨水主要由水溶性染料、溶剂和水组成，色彩鲜艳、打印效果好，但防水性和耐光性较差，适用于普通文本和照片打印。颜料墨水则采用颜料颗粒作为着色剂，具有更好的防水性、耐光性和耐久性，适用于户外广告、海报等需要长时间保存和展示的场合。

此外，还有一些特殊用途的墨水，如 UV 固化墨水、热转印墨水等，它们具有独特的打印效果和适用场景。

2. 纸张

纸张是喷墨打印的承印物，其种类和质量对打印效果有着重要影响。常见的喷墨打印纸张包括普通打印纸、照片纸、铜版纸、宣纸等。

普通打印纸适用于日常办公文档打印，价格实惠但打印效果一般。照片纸则具有更好的吸墨性和色彩还原性，适用于照片打印和高质量图像输出。铜版纸表面光滑、光泽度高，适用于制作宣传册、海报等印刷品。宣纸则具有独特的纹理和吸墨性，适用于书法、国画等艺术作品的打印。

3. 其他辅助材料

除了墨水和纸张外，喷墨打印还需要一些辅助材料，如打印头清洗剂、喷头保护液等。这些材料虽然用量不大，但对于保证打印设备的正常运行和延长使用寿命具有重要意义。

（二）喷墨材料的特性

1. 墨水的特性

墨水的特性主要包括色彩还原性、稳定性、干燥速度等。优质墨水应具有良好的色彩还原性，能够准确还原原稿的颜色；同时，墨水应具有稳定的化学性能，不易产生沉淀、分层等现象；此外，墨水的干燥速度也是影响打印效果的重要因素，过快的干燥速度可能导致喷头堵塞，而过慢的干燥速度则可能导致墨水在纸张上扩散。

2. 纸张的特性

纸张的特性主要包括吸墨性、光泽度、厚度等。纸张的吸墨性直接影响到墨水的渗透和扩散，吸墨性过强可能导致墨水渗透过度，造成画面模糊；吸墨性过弱则可能导致墨水无法充分附着在纸张表面，影响打印效果。光泽度决定了纸张表面的反光程度，影响打印品的视觉效果。厚度则决定了纸张的挺度和质感，对于制作书籍、画册等印刷品具有重要意义。

3. 辅助材料的特性

辅助材料的特性主要与其功能相关。例如，打印头清洗剂应具有良好的清洁效果，能够有效去除喷头内部的墨渍和杂质；喷头保护液则应具有防腐、保湿等功能，能够延长喷头的使用寿命。

（三）喷墨材料的选择与应用

在选择喷墨材料时，我们应根据具体的打印需求和使用场景进行综合考虑。例如，对于需要长时间保存和展示的户外广告牌，应选择防水性、耐光性好的颜料墨水和具有较高光泽度和厚度的纸张；而对于日常办公文档打印，则可以选择价格实惠的染料墨水和普通打印纸。

此外，在使用喷墨材料时，还应注意以下几点：一是要遵循产品说明书的要求，正确使用和保存材料；二是要定期清洁和维护打印设备，确保喷头和墨路的畅通；三是要注意环保问题，选择符合环保标准的材料和设备，减少废弃物的产生和排放。

综上所述，喷墨材料的分类及其特性对于提高打印效果和降低成本具有重要意义。在选择和使用喷墨材料时，我们应根据具体需求进行综合考虑，并注意遵循相关要求和注意事项。随着科技的不断进步和市场的不断发展，相信未来会有更多高性能、环保的喷墨材料问世，为喷墨打印技术的发展和应用提供更加广阔的空间。

二、喷墨材料的打印性能与适用性

喷墨打印技术作为现代印刷行业的重要组成部分，其打印性能与所使用的喷墨材料息息相关。喷墨材料不仅影响着打印效果的质量和精细度，还直接关系到打印成本的控制和适用场景的拓展。因此，深入了解和掌握喷墨材料的打印性能与适用性，对于提高打印效率、降低成本及满足不同打印需求具有重要意义。

（一）喷墨材料的打印性能

喷墨材料的打印性能主要体现在色彩表现、打印速度、分辨率及打印稳定性等方面。

首先，色彩表现是喷墨材料打印性能的重要指标之一。优质墨水能够呈现出丰富的色彩层次和饱满的色彩效果，使得打印作品更具生动性和逼真感。而纸张的吸墨性和光泽度等特性也会对色彩表现产生直接影响。例如，具有高吸墨性的纸张能够更好地吸收墨水，使色彩更加鲜艳；而具有高光泽度的纸张则能够提升色彩的亮度和饱和度。

其次，打印速度是衡量喷墨材料性能的关键因素之一。在高速打印模式下，墨水需要能够快速干燥并固定在纸张上，以确保打印效率和连续性。因此，喷墨材料的干燥速度和附着性能对于提高打印速度至关重要。

再次，分辨率也是评价喷墨材料打印性能的重要指标。高分辨率的喷墨材料能够呈现出更加细腻的图像和文字，使得打印作品更加清晰和精确。这要求墨水具有良好的渗透性和扩散性，以在纸张上形成均匀的墨点分布。

最后，打印稳定性是喷墨材料性能的重要体现。在长时间连续打印过程中，喷墨材料应能够保持稳定的质量和性能，避免出现堵塞、断墨等问题。这要求墨水具有稳定的化学性质和流动性，以及纸张具有良好的兼容性和耐久性。

（二）喷墨材料的适用性

喷墨材料的适用性主要取决于其适用范围、成本效益及环保性能等方面。

首先，喷墨材料的适用范围是其适用性的重要体现。不同的喷墨材料适用于不同的打印需求和场景。例如，染料墨水适用于普通文本和照片打印，能够呈现出鲜艳的色彩和较高的打印速度；而颜料墨水则适用于户外广告、海报等需要长时间保存和展示的场合，具有更好的防水性和耐光性。纸张的选择也需根据打印需求来确定，如照片纸适用于高质量图像输出，而铜版纸则适用于制作宣传册和海报等印刷品。

其次，成本效益是评价喷墨材料适用性的重要指标。在满足打印质量的前提下，选择价格适中、性价比高的喷墨材料有助于降低打印成本。此外，一些特殊用途的喷墨材料虽然价格较高，但其独特的打印效果和适用场景能够带来更高的附加值和经济效益。

最后，环保性能也是衡量喷墨材料适用性的重要因素。随着环保意识的日益增强，选择符合环保标准的喷墨材料对于保护环境、减少污染具有重要意义。这要求喷墨材料在生产和使用过程中应尽量减少有害物质的使用和排放，同时提高资源的可回收利用率。

（三）优化喷墨材料性能与适用性的策略

为了进一步优化喷墨材料的打印性能与适用性，我们可以从以下几个方面着手：

首先，加强喷墨材料研发创新，提高材料的性能和质量。通过改进墨水的配方和制造工艺，提高墨水的色彩表现、干燥速度及稳定性；同时，针对不同打印需求开发专用纸张和辅助材料，以满足不同场景下的打印需求。

其次，加强喷墨设备与材料的匹配性。不同品牌和型号的喷墨设备对喷墨材料的要求可能存在差异。因此，在选择喷墨材料时，我们应充分考虑设备与材料的兼容性和匹配性，确保打印效果和稳定性的最大化。

再次，提高操作技能和维护水平也是优化喷墨材料性能与适用性的关键。操作人员应熟练掌握喷墨设备的操作规范和维护技巧，确保设备在最佳状态下运行；同时，定期对设备进行维护和保养，延长设备的使用寿命和性能表现。

最后，加强环保意识，推广环保型喷墨材料。在选择喷墨材料时，我们应优先考虑符合环保标准的产品，减少对环境的影响；同时，加强废弃物的处理和回收工作，实现资源的循环利用和可持续发展。

综上所述，喷墨材料的打印性能与适用性对于满足不同打印需求和提高打印效率具有重要意义。通过加强研发创新、提高匹配性、提升操作技能和推广环保型材料等措施，我们可以进一步优化喷墨材料的性能与适用性，为喷墨打印技术的发展和应用提供更加广阔的空间。

三、喷墨材料的选择与匹配

喷墨打印技术作为现代印刷行业的重要分支，其打印效果的好坏往往取决于喷墨材料的选择与匹配。在实际应用中，合适的喷墨材料能够显著提高打印质量，降低成本，而错误的选择则可能导致打印效果不佳，甚至损坏打印设备。因此，掌握喷墨材料的选择与匹配技巧对于实现高效、优质的打印至关重要。

（一）墨水的选择

墨水的选择主要取决于打印需求、打印介质及打印设备的兼容性。

首先，根据打印需求选择墨水类型。对于需要展现丰富色彩和细腻层次的打印任务，如照片打印和艺术品复制，染料墨水是较好的选择，因其色彩鲜艳、打印效果好。而对于需要长时间保存和展示的户外广告、海报等，颜料墨水则更为合适，因其具有更好的防水性、耐光性和耐久性。

其次，考虑打印介质对墨水的要求。不同的打印介质对墨水的吸附性和反应性有所不同，因此，选择能与打印介质良好匹配的墨水是保证打印效果的关键。例如，对于吸墨性较强的纸张，可以选择渗透性较好的墨水；而对于表面光滑的纸张，则需要选择具有较好附着力的墨水。

最后，确保所选墨水与打印设备兼容。不同品牌和型号的打印设备对墨水的要求可能有所不同，因此，在选择墨水时，我们应查阅设备说明书或咨询厂家，选择与之兼容的墨水，以避免因墨水不匹配导致的打印问题。

（二）纸张的选择

纸张的选择同样需要考虑打印需求、墨水类型及设备兼容性。

首先，根据打印需求选择纸张类型。普通文本打印可选择普通的打印纸，既经济又实用；而对于高质量的图片或艺术品打印，则需要选择吸墨性好、光泽度高的专用纸张，如照片纸或艺术纸。

其次，考虑墨水与纸张的匹配性。不同的墨水在纸张上的表现效果有所不同，因此，在选择纸张时，应考虑墨水的特性，选择能够充分展现墨水优势的纸张。例如，对于颜料墨水，可以选择表面较为粗糙的纸张，以更好地展现其色彩层次和质感；而对于染料墨水，则可以选择光泽度较高的纸张，以增强其色彩表现力。

最后，确保所选纸张与打印设备兼容。不同的打印设备对纸张的尺寸、厚度和材质等有一定要求，因此，在选择纸张时，我们应确保所选纸张符合设备的要求，以保证打印的顺利进行。

（三）墨水与纸张的匹配

墨水与纸张的匹配是实现高质量打印的关键。在实际应用中，我们应根据打印需求和设备要求，选择合适的墨水和纸张进行匹配。

一方面，要注意墨水的色彩表现与纸张的吸墨性、光泽度等特性的匹配。例如，对于需要展现丰富色彩的照片打印，可以选择具有高吸墨性和高光泽度的纸张，并搭配色彩饱满、表现力强的染料墨水；而对于需要展现细腻层次的艺术品打印，则可以选择表面较为粗糙的纸张，并搭配渗透性较好、层次感丰富的颜料墨水。

另一方面，还要考虑墨水与纸张的兼容性问题。在实际应用中，可能会出现墨水与纸张不兼容的情况，导致打印效果不佳或出现堵塞等问题。因此，在选择墨水和纸张时，应充分了解其性能和特性，并进行适当的匹配测试，以确保其在实际应用中的稳定性和可靠性。

此外，随着喷墨技术的不断发展和市场需求的不断变化，新的喷墨材料和打印设备不断涌现。因此，在选择与匹配喷墨材料时，我们还应关注市场动态和技术发展趋势，及时了解和掌握新技术和新材料的应用情况，以便更好地满足打印需求和提高打印效果。

综上所述，喷墨材料的选择与匹配是实现高质量打印的重要环节。在实际应用中，应根据打印需求、墨水类型、纸张类型及设备兼容性等因素进行综合考虑和选择，以确保打印效果的稳定性和可靠性。同时，我们还应关注市场动态和技术发展趋势，不断学习和掌握新技术和新材料的应用技巧，以适应不断变化的市场需求和提升打印效果。

第三节 喷墨增材制造工艺的优势与挑战

一、喷墨增材制造工艺的显著优势

喷墨增材制造是一种新兴的制造技术，它以喷墨技术为基础，利用逐层堆积的方法构建三维实体。相比传统的制造方法，喷墨增材制造具有显著的优势，主要体现在以下三个方面。

（一）精准度和复杂性

喷墨增材制造技术能够实现精密的制造，这得益于喷墨技术本身的高精度和可控性。通过精细地控制喷头的运动和墨水的喷射，我们可以实现极高的制造精度，可以满足对于复杂几何形状和微小细节的要求。与传统的加工方法相比，喷墨增材制造可以更容易地制造出空隙、悬臂结构等复杂形状，因此在制造复杂零件或者个性化定制产品时具有明显优势。

（二）材料多样性和节约

喷墨增材制造技术不仅可以使用传统的塑料材料，还可以利用金属粉末、陶瓷粉末等多种材料进行制造。这种材料多样性使得喷墨增材制造可以适用于更广泛的应用领域，包括航空航天、医疗、汽车等。此外，与传统的加工方法相比，喷墨增材制造通常能够更好地利用材料，减少材料浪费，从而节约成本，降低制造成本。

（三）快速制造和灵活性

喷墨增材制造技术具有快速制造的特点，可以大幅缩短产品的制造周期。由于喷墨增材制造是一种逐层堆积的方法，因此不需要制造模具或者切削工具，可以直接根据设计义件进行制造，省去了制造准备的时间。此外，喷墨增材制造还具有很高的灵活性，可以根据需要随时进行产品设计的修改和调整，从而更好地满足客户的个性化需求。

综上所述，喷墨增材制造技术具有精准度和复杂性、材料多样性和节约及快速制造和灵活性等显著优势，有望在未来的制造业中发挥重要作用，推动制造业向数字化、智能化、个性化的方向发展。

二、喷墨增材制造过程中的技术瓶颈

喷墨增材制造，作为一种先进的制造技术，以其高精度、高效率及可定制化的特点，在诸多领域展现出了广阔的应用前景。然而，这一技术在快速发展的同时，也面临着一些技术瓶颈，限制了其进一步的发展和应用。下面我们将从多个方面探讨喷墨增材制造过程中的技术瓶颈，以期为该技术的深入研究与应用提供有益的参考。

（一）墨水材料的限制

喷墨增材制造的核心在于利用喷墨打印技术逐层堆积材料，构建出所需的三维实体。在这一过程中，墨水材料的选择与性能直接影响到最终产品的质量和性能。然而，目前可用的墨水材料种类有限，且多数材料的物理和化学性能难以满足复杂应用的需求。例如，一些墨水材料在固化过程中易产生收缩和变形，导致产品精度降低；另一些材料则因稳定性差，容易在存储和使用过程中出现沉淀、分层等问题，影响打印质量。

此外，墨水材料的成本也是制约喷墨增材制造技术推广应用的重要因素。高质量、高性能的墨水材料往往价格昂贵，增加了制造成本，使得一些对成本敏感的应用领域难以承受。因此，开发新型、低成本、高性能的墨水材料，是突破喷墨增材制造技术瓶颈的关键之一。

（二）打印精度的限制

喷墨增材制造的精度直接决定了产品的质量和应用的广泛性。然而，目前的喷墨打印技术在精度方面仍存在诸多限制。一方面，喷墨打印头的分辨率有限，难以实现更高精度的打印；另一方面，打印过程中墨滴的落点精度、喷射速度等参数的控制也面临挑战。这些因素共同导致喷墨增材制造在微纳尺度、复杂结构等方面的制造能力有限。

为了提高打印精度，研究者们尝试了多种方法，如优化打印头设计、改进喷射控制算法等。然而，这些方法的改进往往需要在硬件和软件方面进行大量的研发和投资，且效果有限。因此，如何在保证成本可控的前提下，提高喷墨增材制造的精度，是该领域亟待解决的问题。

（三）制造效率与稳定性的挑战

喷墨增材制造的效率和稳定性是衡量其实际应用价值的重要指标。然而，在实际生产过程中，喷墨增材制造往往面临着效率低下和稳定性差的问题。这主要是由于打印过程中需要逐层堆积材料，且每层之间的结合需要一定的时间和条件。因此，对于大型或复杂结构的产品，制造过程可能耗时较长，且容易受到环境、设备状态等多种因素的影响，导致制造失败或产品质量不稳定。

为了提高制造效率和稳定性，研究者们提出了多种优化策略，如优化打印路径、提高打印速度、加强设备维护等。然而，这些策略往往需要在保证产品质量的前提下进行权衡和取舍，难以实现全面的提升。此外，喷墨增材制造过程中的环境控制也是一个需要关注的问题。例如，温度、湿度等环境因素的变化都可能影响墨水的性能和打印质量，因此需要在制造过程中进行严格的环境控制。

综上所述，喷墨增材制造技术在墨水材料、打印精度、制造效率与稳定性等方面面临着诸多技术瓶颈。为了突破这些瓶颈，我们需要深入研究墨水材料的性能与制备技术、优化打印头的设计与制造工艺、提高打印过程的控制精度和稳定性等。同时，我们还需要加强产学研合作，推动技术创新与成果转化，为喷墨增材制造技术的广泛应用奠定坚实的基础。

在墨水材料方面，未来的研究应致力于开发新型、低成本、高性能的墨水材料，以满足不同应用领域的需求。同时，我们还需要关注墨水材料的环保性和可持续性，推动绿色制造的发展。在打印精度方面，我们可以通过改进打印头设计、优化喷射控制算法等方式来提高打印精度，以满足微纳制造等领域的需求。在制造效率与稳定性方面，我们可以通过优化打印路径、提高打印速度、加强设备维护和环境控制等手段来提高制造效率和稳定性，降低生产成本，提高产品质量。

此外，随着人工智能、大数据等技术的快速发展，将这些先进技术应用于喷墨增材制造过程中，也有望为解决技术瓶颈提供新的思路和方法。例如，通过机器学习算法对打印过程进行智能控制和优化，提高制造过程的自适应性和稳定性；通过大数据分析对制造数据进行挖掘和分析，为工艺改进和产品优化提供数据支持等。

总之，突破喷墨增材制造过程中的技术瓶颈需要多方面的努力和探索。通过深入研究墨水材料、打印精度、制造效率与稳定性等关键技术问题，加强技术创新与成果转化，并结合人工智能、大数据等先进技术进行应用创新，有望推动喷墨增材制造技术实现更大的发展和应用。

三、喷墨增材制造工艺的改进与创新

喷墨增材制造作为一种具有高精度、高效率的先进制造技术，在各个领域得到了广泛应用。然而，随着应用领域的不断扩展和深化，传统的喷墨增材制造工艺已难以

满足日益增长的需求。因此，对喷墨增材制造工艺进行改进与创新，提高其制造能力、精度和效率，成为当前研究的重点。

（一）工艺参数的优化与智能化控制

喷墨增材制造过程中涉及众多工艺参数，如打印速度、喷墨量、打印层厚等，这些参数对最终产品的质量和性能具有重要影响。传统的工艺参数设置往往依赖于经验或试验，缺乏精确性和高效性。因此，对工艺参数进行优化和智能化控制成为改进喷墨增材制造工艺的关键。

近年来，随着人工智能和机器学习技术的发展，越来越多的研究者将这些技术应用于喷墨增材制造工艺参数的优化中。通过构建工艺参数与产品质量之间的数学模型，利用机器学习算法对大量实验数据进行学习和分析，可以实现工艺参数的自动优化和智能化控制。这不仅提高了制造过程的精确性和效率，还降低了对操作人员的依赖，提高了制造的稳定性和可靠性。

（二）新材料与复合结构的开发

喷墨增材制造所使用的材料种类直接决定了其应用领域和产品的性能。传统的喷墨增材制造主要使用单一的墨水材料，难以满足复杂结构和功能的需求。因此，开发新型材料和复合结构，拓展喷墨增材制造的应用范围，成为改进工艺的重要方向。

一方面，研究者们致力于开发具有特殊性能的新型墨水材料，如具有导电性、磁性、生物相容性等功能性墨水。这些新型墨水材料的应用，使得喷墨增材制造能够制造出具有更复杂结构和功能的产品，如电子器件、生物组织工程等。

另一方面，研究者们还探索了不同材料之间的复合打印技术，通过将不同性能的墨水材料混合或分层打印，实现材料性能的互补和优化。这种复合结构的开发，不仅提高了产品的性能，还丰富了喷墨增材制造的应用领域。

（三）多尺度制造与微纳加工技术的融合

随着微纳技术的发展，人们对微纳尺度的制造和加工提出了更高的要求。传统的喷墨增材制造在微纳尺度上的制造能力有限，难以满足微纳器件和系统的需求。因此，将多尺度制造与微纳加工技术相融合，成为改进喷墨增材制造工艺的重要途径。

多尺度制造是指在不同尺度上进行制造和组装的技术，而微纳加工技术则是指在微纳尺度上对材料进行精细加工的技术。通过将这两种技术相融合，我们可以实现从宏观到微观的连续制造和加工，提高产品的精度和性能。

具体来说，研究者们通过改进喷墨打印头的结构和控制算法，提高其在微纳尺度上的打印精度和稳定性；同时，结合微纳加工技术，如激光刻蚀、电子束刻蚀等，对打印出的微纳结构进行精细加工和修饰。这种融合技术的应用，使得喷墨增材制造在微纳器件、生物芯片等领域具有更广阔的应用前景。

综上所述，喷墨增材制造工艺的改进与创新涉及工艺参数的优化与智能化控制、新材料与复合结构的开发及多尺度制造与微纳加工技术的融合等多个方面。这些改进与创新不仅提高了喷墨增材制造的制造能力、精度和效率，还拓展了其应用领域和范围。未来，随着科技的不断进步和应用需求的不断增长，喷墨增材制造工艺的改进与创新将继续深入发展，为更多领域的创新与发展提供有力支撑。

然而，我们也要看到，喷墨增材制造工艺的改进与创新仍然面临一些挑战和问题。例如，新型材料和复合结构的开发需要更多的基础研究和实验验证；多尺度制造与微纳加工技术的融合需要解决不同尺度之间的衔接和匹配问题；智能化控制技术的应用需要建立完善的数据模型和算法体系等。因此，未来的研究需要进一步加强基础研究和应用探索，推动喷墨增材制造工艺的持续改进和创新发展。

此外，随着环保意识的提高和可持续发展的要求，喷墨增材制造工艺的环保性和可持续性也成了重要的研究方向。未来的改进和创新需要更加注重环保材料的选择、废弃物的处理及能源消耗的降低等方面，推动喷墨增材制造技术的绿色发展。

总之，喷墨增材制造工艺的改进与创新是一个持续不断的过程，需要不断探索和创新。通过深入研究工艺参数的优化、新材料与复合结构的开发、多尺度制造与微纳加工技术的融合等方面的问题，结合环保和可持续性的要求，我们有望推动喷墨增材制造技术实现更大的突破和发展。

第四节　喷墨增材制造在艺术领域的应用

一、喷墨增材制造在艺术创作中的实践

喷墨增材制造，作为一种前沿的制造技术，近年来在艺术创作领域逐渐展现出其独特的应用价值。它不仅能够精确复制传统艺术作品的形态与色彩，更能够通过数字化设计实现艺术家们的创意想象，为艺术创作带来全新的可能性。下面我们将从实践角度出发，探讨喷墨增材制造在艺术创作中的应用及其所带来的变革。

（一）喷墨增材制造在艺术复制品制作中的应用

艺术复制品制作一直是艺术创作领域的一个重要环节。传统的复制品制作方法往往依赖于手工技艺和材料选择，不仅效率低下，而且难以保证复制品的精度和一致性。而喷墨增材制造技术的应用，则极大地改变了这一现状。

喷墨增材制造技术能够通过高精度的三维扫描设备获取原始艺术品的数字模型，再利用喷墨打印技术逐层堆积材料，精确复制出艺术品的形态和细节。同时，色彩管理技术的运用，还能够还原艺术品的色彩和质感，使得复制品在视觉上几乎与原作无异。这种技术的应用不仅提高了复制品制作的效率和精度，还降低了制作成本，使得更多的人能够接触到和欣赏到珍贵的艺术作品。

（二）喷墨增材制造在个性化艺术创作中的应用

随着个性化需求的日益增长，艺术创作也逐渐向个性化、定制化方向发展。喷墨

增材制造技术以其高度的灵活性和可定制性，为个性化艺术创作提供了有力支持。

艺术家们可以利用喷墨增材制造技术，根据个人的创意和审美需求，设计出独一无二的艺术作品。无论是雕塑、壁画还是装置艺术，都可以通过数字化设计软件进行建模和优化，再通过喷墨打印技术实现精确制作。这种技术的应用使得艺术创作不再受限于传统材料和工艺的限制，为艺术家们提供了更广阔的创作空间。

此外，喷墨增材制造技术还能够实现多材料、多色彩的组合打印，为艺术创作带来更多的可能性。艺术家们可以通过选择不同的材料和色彩，创造出更加丰富多彩的艺术效果，使得作品更具个性和表现力。

（三）喷墨增材制造在跨界融合艺术创作中的应用

跨界融合是当代艺术创作的一个重要趋势。喷墨增材制造技术以其跨领域的应用特性，为跨界融合艺术创作提供了有力的技术支撑。

通过与其他领域的技术和材料进行结合，喷墨增材制造可以创造出全新的艺术形式。例如，将喷墨增材制造技术与光影技术结合，可以创作出具有动态效果的互动艺术装置；将喷墨增材制造技术与生物技术结合，可以创造出具有生物活性的艺术作品。这些跨界融合的实践不仅拓展了艺术创作的边界，也为观众带来了全新的审美体验。

同时，喷墨增材制造技术的应用还促进了不同艺术领域之间的交流与融合。传统雕塑、绘画、建筑等领域在喷墨增材制造的助力下，可以实现更加紧密的合作与互动，共同推动艺术创作的创新与发展。

综上所述，喷墨增材制造在艺术创作中的实践应用，不仅提高了艺术复制品制作的效率和精度，为个性化艺术创作提供了有力支持，还促进了跨界融合艺术创作的发展。然而，我们也应该看到，喷墨增材制造技术在艺术创作中的应用仍处于不断探索和完善的阶段。未来，随着技术的不断进步和应用领域的不断拓展，我们有理由相信，喷墨增材制造将在艺术创作中发挥更加重要的作用，为艺术家们创造更多的可能性，为观众带来更加丰富的艺术体验。

二、喷墨增材制造在艺术品复制中的应用

随着科技的不断发展，喷墨增材制造技术在艺术品复制领域的应用逐渐显现出其独特的优势和潜力。喷墨增材制造技术以其高精度、高效率的特点，为艺术品复制带来了革命性的变革。下面我们将从喷墨增材制造技术的原理出发，探讨其在艺术品复制中的应用，并展望其未来的发展趋势。

（一）喷墨增材制造技术的原理及其在艺术品复制中的应用基础

喷墨增材制造技术是一种基于数字化模型的逐层堆积成型技术。它通过将材料以微小的液滴形式喷射到指定位置，逐层堆积形成三维实体。这种技术不仅可以实现复杂的形状和结构，还可以精确控制材料的分布和颜色，使得复制出的艺术品在形态、色彩和纹理等方面都能达到极高的还原度。

在艺术品复制中，喷墨增材制造技术主要应用于雕塑、绘画等作品的复制。通过

高精度的三维扫描设备获取原始艺术品的数字模型，再利用喷墨打印技术将模型数据转化为实体艺术品。这种复制方式不仅保留了艺术品的原始形态和细节，还能够在材料选择和色彩处理上实现个性化定制，满足不同客户的需求。

（二）喷墨增材制造在艺术品复制中的实际应用案例

近年来，喷墨增材制造技术在艺术品复制领域的应用案例不断涌现。例如，一些博物馆和美术馆利用该技术对珍贵的雕塑和绘画作品进行复制，以便用于展览、教育和研究等目的。这些复制品在形态、色彩和纹理等方面都高度还原了原作，为观众提供了更加真实的艺术体验。

此外，一些艺术家也利用喷墨增材制造技术创作出了具有独特风格的复制品。他们通过对原始艺术品进行数字化处理后，再运用喷墨打印技术制作出具有不同材料、色彩和纹理的复制品，从而实现了对原作的创新性诠释和再创作。

（三）喷墨增材制造在艺术品复制中的优势与挑战

喷墨增材制造技术在艺术品复制中的优势主要体现在以下几个方面：首先，它能够精确复制艺术品的形态和细节，达到极高的还原度；其次，它可以根据需求进行个性化定制，满足不同客户的要求；最后，它还具有高效率、低成本的特点，使得艺术品复制变得更加便捷和经济。

然而，喷墨增材制造技术在艺术品复制中也面临一些挑战。首先，由于技术本身的限制，某些复杂的艺术品结构和细节可能难以完全复制；其次，不同材料之间的融合和过渡也是一个需要解决的问题；最后，艺术品复制中的版权和知识产权问题也需要引起足够的重视。

为了克服这些挑战，我们可以从以下几个方面进行改进和创新：一是加强技术研发，提高喷墨增材制造技术的精度和效率；二是探索新材料和新工艺，实现更好的材料融合和过渡效果；三是加强版权保护意识，尊重艺术家的知识产权；四是加强跨界合作与交流，推动艺术品复制领域的创新发展。

展望未来，随着喷墨增材制造技术的不断发展和完善，其在艺术品复制领域的应用将会更加广泛和深入。我们可以期待看到更多高精度、高质量的艺术品复制品涌现出来，为观众带来更加丰富的艺术体验。同时，我们也相信随着技术的不断创新和突破，艺术品复制领域将会迎来更加美好的未来。

综上所述，喷墨增材制造技术在艺术品复制中的应用具有广阔的前景和潜力。通过不断探索和创新，我们可以克服技术上的挑战和限制，实现更高质量、更个性化的艺术品复制。这将为艺术家和观众带来更多的选择和可能性，推动艺术品复制领域的繁荣发展。

三、喷墨增材制造在艺术品个性化定制中的探索

随着科技的飞速发展和人们审美需求的日益个性化，艺术品个性化定制逐渐成了艺术市场的新趋势。喷墨增材制造作为一种高精度、高效率的制造技术，为艺术品个

性化定制提供了无限可能。下面我们将深入探讨喷墨增材制造在艺术品个性化定制中的实践应用、技术挑战及未来发展。

（一）喷墨增材制造在艺术品个性化定制中的实践应用

喷墨增材制造技术在艺术品个性化定制中的应用主要体现在以下几个方面：

首先，在材料选择上，喷墨增材制造能够支持多种材料的打印，包括塑料、金属、陶瓷等，这为艺术家提供了丰富的创作材料。艺术家可以根据个人喜好和创作需求，选择合适的材料来打造个性化的艺术品。

其次，在形状设计上，喷墨增材制造技术的逐层堆积成山方式使得艺术品可以拥有更加复杂的形状和结构。艺术家可以充分发挥想象力，设计出独特的艺术形态，打破传统雕塑和绘画的局限。

最后，喷墨增材制造还能够实现色彩的精确控制。通过先进的色彩管理系统，艺术家可以精确地调整艺术品的色彩和纹理，使得个性化定制的艺术品在视觉效果上达到最佳状态。

在实际应用中，一些艺术家已经开始尝试将喷墨增材制造技术与传统艺术形式相结合，创作出具有独特风格的个性化艺术品。例如，他们利用喷墨增材制造技术制作出具有复杂形状的雕塑，再在其表面进行绘画或镶嵌等工艺处理，使得艺术品既具有现代感又不失传统韵味。

（二）喷墨增材制造在艺术品个性化定制中的技术挑战

尽管喷墨增材制造技术在艺术品个性化定制中展现出了巨大的潜力，但仍面临一些技术挑战。

首先，高精度打印是艺术品个性化定制的关键。由于艺术品往往具有精细的细节和复杂的形态，因此要求喷墨增材制造设备具有极高的打印精度和稳定性。然而，目前市场上的喷墨增材制造设备在精度和稳定性方面仍有待提高。

其次，材料性能的限制也是一个需要解决的问题。虽然喷墨增材制造支持多种材料的打印，但不同材料在打印过程中的收缩率、变形率等性能差异较大，这可能导致打印出的艺术品与实际设计存在一定的偏差。因此，如何优化材料性能、提高打印精度是喷墨增材制造在艺术品个性化定制中需要解决的关键问题。

最后，成本问题也是制约喷墨增材制造在艺术品个性化定制中广泛应用的一个重要因素。由于喷墨增材制造设备的价格较高，且打印过程中需要使用昂贵的专用材料和墨水，这使得个性化定制的艺术品成本较高，难以被广大消费者所接受。因此，如何降低设备成本、提高材料利用率是降低艺术品个性化定制成本的有效途径。

（三）喷墨增材制造在艺术品个性化定制中的未来发展

针对上述技术挑战，未来的喷墨增材制造技术有望在以下几个方面取得突破：

首先，随着技术的不断进步和设备的更新换代，喷墨增材制造的打印精度和稳定性将得到显著提高。这将使得艺术家能够更加精确地表达个人创意和审美需求，创作出更加精美的个性化艺术品。

其次，新材料和新工艺的研发将为艺术品个性化定制提供更多可能。通过开发具有优异性能的新型材料和改进打印工艺，我们有望解决材料性能限制和成本问题，使得个性化定制的艺术品更加完美且经济实用。

再次，随着人工智能和大数据技术的发展，喷墨增材制造在艺术品个性化定制中的应用将更加智能化和个性化。通过智能算法对消费者的审美偏好和需求进行分析和预测，我们可以为他们提供更加精准、个性化的艺术品定制服务。

最后，喷墨增材制造在艺术品个性化定制中具有广阔的应用前景和发展潜力。通过不断克服技术挑战、探索新的应用领域和模式，我们有理由相信喷墨增材制造将为艺术品个性化定制带来更加美好的未来。同时，这也将促进艺术市场的繁荣和发展，为艺术家和消费者提供更多选择和可能性。

第五节 喷墨增材制造的未来发展方向

一、喷墨增材制造技术的创新与发展趋势

喷墨增材制造技术，作为近年来迅速崛起的一种先进制造技术，以其独特的优势在多个领域得到了广泛应用。随着科技的不断发展，喷墨增材制造技术也在不断创新和完善，展现出广阔的发展前景。下面我们将围绕喷墨增材制造技术的创新与发展趋势展开探讨。

（一）技术创新推动喷墨增材制造的发展

技术创新是喷墨增材制造技术发展的核心驱动力。近年来，随着新材料、新工艺的不断涌现，喷墨增材制造技术在材料选择、打印精度、打印速度等方面取得了显著进步。

在材料选择方面，喷墨增材制造技术已经能够支持多种材料的打印，包括金属、陶瓷、高分子材料等。这些材料的广泛应用为喷墨增材制造技术在各个领域的应用提供了更多可能性。

在打印精度方面，随着喷头技术的不断革新和打印算法的优化，喷墨增材制造技术已经能够实现微米级的打印精度。这使得喷墨增材制造技术能够打印出更加精细、复杂的结构，满足了高精度制造的需求。

在打印速度方面，喷墨增材制造技术也在不断进步。通过优化打印路径、提高喷头移动速度等方式，喷墨增材制造技术的打印速度得到了显著提升。这有助于缩短制造周期，提高生产效率。

（二）智能化与数字化成为喷墨增材制造技术的发展方向

随着人工智能、大数据等技术的快速发展，智能化与数字化已经成为喷墨增材制

造技术的发展方向。

在智能化方面，喷墨增材制造技术通过与人工智能技术的结合，实现了对制造过程的智能监控和调控。通过实时采集制造过程中的数据，利用人工智能算法进行分析和处理，我们可以实现对制造过程的精确控制，提高制造质量和效率。

在数字化方面，喷墨增材制造技术通过数字化模型的设计、优化和仿真，实现了从设计到制造的无缝衔接。数字化模型可以方便地进行修改和优化，减少了传统制造过程中的试错成本和时间成本。同时，数字化模型还可以用于制造过程的仿真和预测，有助于提前发现潜在问题并进行解决。

（三）多领域融合拓展喷墨增材制造技术的应用范围

喷墨增材制造技术的应用领域正在不断拓展，与多个领域的融合成为其发展的重要趋势。

在生物医学领域，喷墨增材制造技术已经广泛应用于组织工程、药物筛选等方面。通过打印生物材料和组织细胞，我们可以构建出具有特定功能的生物组织，为生物医学研究提供了新的手段和方法。

在建筑领域，喷墨增材制造技术可以用于打印建筑模型、构件和装饰品等。这种技术可以实现快速、精确打印，减少了传统建筑制造过程中的材料浪费和人力成本。

在电子领域，喷墨增材制造技术可以用于打印电路、传感器等电子元件。通过精确控制打印材料的分布和形状，可以实现电子元件的微型化和集成化，提高电子设备的性能和可靠性。

此外，喷墨增材制造技术还在航空航天、汽车制造等领域得到了应用。通过与这些领域的深度融合，喷墨增材制造技术将为这些领域的发展提供新的动力和支持。

综上所述，喷墨增材制造技术在技术创新、智能化与数字化及多领域融合等方面展现出了广阔的发展前景。随着技术的不断进步和应用领域的不断拓展，我们有理由相信喷墨增材制造技术将在未来发挥更加重要的作用，推动制造业的转型升级和创新发展。同时，我们也应该关注喷墨增材制造技术在发展过程中可能面临的挑战和问题，并积极寻求解决方案，推动其健康、可持续发展。

二、喷墨材料的研发与应用前景

随着科技的飞速进步，喷墨增材制造技术已逐渐成为现代制造领域的重要一环。其中，喷墨材料的研发与应用，作为影响喷墨增材制造效果的关键因素，正日益受到业界的关注。喷墨材料的性能、种类及其与打印设备的兼容性，直接决定了最终产品的质量与特性。因此，深入探究喷墨材料的研发动态及其应用前景，对于推动喷墨增材制造技术的发展具有重要意义。

（一）喷墨材料的研发动态

近年来，喷墨材料的研发呈现出多元化、高性能化的趋势。一方面，科研人员致力于开发新型喷墨材料，以满足不同领域的应用需求。例如，在生物医学领域，研究人员成功研发出具有生物相容性和生物活性的喷墨材料，用于打印组织工程支架和药物载体；在电子领域，则出现了导电性能优良的喷墨墨水，用于打印柔性电路和传感器等。

另一方面，随着纳米技术、生物技术等前沿科技的融合，喷墨材料的性能得到了显著提升。纳米材料的引入，使得喷墨墨水在打印过程中表现出更高的精度和稳定性；而生物技术的应用，则赋予了喷墨材料更丰富的功能性和生物活性。

此外，环保和可持续性也成为喷墨材料研发的重要考量因素。越来越多的研究者致力于开发低污染、可降解的喷墨材料，以降低生产过程中的环境负担，推动绿色制造的发展。

（二）喷墨材料的应用前景

喷墨材料在多个领域具有广阔的应用前景。在艺术品复制领域，喷墨材料的高精度和色彩还原性使得复制品能够高度还原原作的风貌，为艺术品的保存和传播提供了有力支持。同时，喷墨材料还可用于个性化定制艺术品，满足消费者对独特性和个性化的追求。

在3D打印领域，喷墨材料同样发挥着关键作用。通过选择不同性能的喷墨材料，可以打印出具有复杂结构和功能的3D产品。例如，利用高强度喷墨材料打印出的机械零件具有优异的力学性能；而利用生物相容性喷墨材料则可实现生物组织的体外构建。

此外，喷墨材料在电子、生物医疗、建筑等领域也展现出巨大的应用潜力。在电子领域，喷墨打印技术可用于制造柔性电子器件和微纳电子系统；在生物医疗领域，喷墨技术可用于细胞打印和组织工程；在建筑领域，喷墨打印技术则可用于快速构建建筑模型和个性化装饰。

（三）未来展望与挑战

展望未来，喷墨材料的研发与应用将继续朝着高性能化、多功能化、环保可持续的方向发展。随着新材料的不断涌现和打印技术的不断进步，喷墨材料将在更多领域得到应用，为现代制造业带来革命性的变革。

然而，在喷墨材料的研发与应用过程中，仍面临一些挑战。首先，新型喷墨材料的研发成本较高，且技术难度较大，需要投入大量的资金和人力资源进行研发。其次，不同喷墨材料与打印设备的兼容性问题也是制约其应用的关键因素之一。此外，喷墨打印过程中的精度控制、稳定性提升及成本控制等问题也亟待解决。

针对这些挑战，未来需要进一步加大喷墨材料的研发力度，提高材料的性能和稳定性；同时，推动打印设备的更新换代，提高设备与材料的兼容性；此外，还应加强产学研合作，促进喷墨增材制造技术的产业化应用，推动相关产业的快速发展。

总之，喷墨材料的研发与应用前景广阔，具有巨大的发展潜力。随着技术的不断进步和市场的不断拓展，喷墨材料将在更多领域发挥重要作用，为现代制造业的发展注入新的活力。

三、喷墨增材制造在艺术领域的拓展与融合

喷墨增材制造技术，以其独特的数字化和个性化特性，近年来在艺术领域得到了广泛拓展与融合。它不仅为艺术家们提供了全新的创作工具，也深刻改变了艺术创作的思维方式和表现形式。下面我们将从喷墨增材制造技术在艺术领域的应用、其对艺术创作的影响及未来发展趋势三个方面进行探讨。

（一）喷墨增材制造技术在艺术领域的应用

喷墨增材制造技术在艺术领域的应用，主要体现在雕塑、绘画和装置艺术等多个方面。

在雕塑领域，喷墨增材制造技术能够精确复制复杂的形态和结构，使得艺术家能够轻松实现复杂的雕塑设计。通过三维建模软件，艺术家可以设计出具有高度个性化的雕塑作品，然后通过喷墨增材制造设备打印出来。这种方式不仅提高了雕塑创作的效率，也降低了制作成本，使得更多的艺术家能够尝试这种新的创作方式。

在绘画领域，喷墨增材制造技术则提供了更为丰富的色彩和材质选择。艺术家可以利用喷墨打印机将数字图像直接打印在画布上，实现高精度的图像复制。同时，喷墨增材制造技术还可以将不同材质和色彩的墨水混合使用，创造出更为丰富多样的视觉效果。这种技术不仅提高了绘画的精度和效率，也拓展了绘画的表现形式和创作手法。

在装置艺术领域，喷墨增材制造技术更是发挥了巨大的作用。艺术家可以利用这种技术制作出各种形状和材质的部件，然后将它们组合成具有独特意义的装置作品。这种创作方式不仅具有高度的个性化，也能够充分展现艺术家的想象力和创造力。

（二）喷墨增材制造技术对艺术创作的影响

喷墨增材制造技术对艺术创作的影响主要体现在以下几个方面：

首先，它改变了艺术家的创作方式。传统的艺术创作往往依赖于手工技艺和材料的选择，而喷墨增材制造技术的引入使得艺术创作变得更加数字化和自动化。艺术家可以通过计算机进行设计和建模，然后利用喷墨增材制造设备完成作品的制作。这种方式不仅提高了创作的效率，也使得艺术家能够更加专注于创意和构思。

其次，喷墨增材制造技术为艺术创作带来了更多的可能性。通过调整打印参数和材料选择，艺术家可以创造出具有不同质感、色彩和形态的作品。这种技术的灵活性使得艺术创作不再局限于传统的材料和形式，为艺术家提供了更广阔的创作空间。

最后，喷墨增材制造技术还促进了艺术与科技的融合。通过结合其他科技手段，如虚拟现实、增强现实等，艺术家可以创造出更为丰富多样的艺术形式。这种科技与艺术的结合不仅提高了作品的观赏性和互动性，也使得艺术更加贴近现代人的生活。

（三）喷墨增材制造技术在艺术领域的未来发展趋势

随着科技的不断进步和应用领域的不断拓展，喷墨增材制造技术在艺术领域的未

来发展将呈现出以下几个趋势：

一是技术的不断创新和完善。随着新材料、新工艺和新技术的不断涌现，喷墨增材制造技术在精度、速度和材料选择等方面将得到进一步提升。这将为艺术家提供更加优质、高效的创作工具，推动艺术创作向更高水平发展。

二是艺术与科技的深度融合。未来，喷墨增材制造技术将更多地与其他科技手段相结合，形成更为综合、多元的艺术创作方式。艺术家们将能够利用这些技术创造出更为独特、富有创意的作品，推动艺术形式的不断创新和发展。

三是艺术创作的个性化和定制化趋势。随着消费者对个性化需求的不断增加，喷墨增材制造技术将更多地应用于艺术品的个性化定制和限量生产。艺术家们可以根据消费者的需求和喜好进行定制创作，满足市场的多样化需求。

四是艺术产业的数字化转型。喷墨增材制造技术的广泛应用将推动艺术产业的数字化转型。从创作到销售，整个艺术产业将实现数字化管理和运营，提高产业的效率和竞争力。

综上所述，喷墨增材制造技术在艺术领域的拓展与融合为艺术创作带来了前所未有的机遇和挑战。未来，随着技术的不断进步和应用领域的不断拓展，我们有理由相信喷墨增材制造技术将在艺术领域发挥更加重要的作用，推动艺术创作的不断创新和发展。同时，艺术家们也需要不断学习和掌握新技术，以适应这一变革并创作出更多优秀的作品。

第七章 电子束熔化增材制造技术

第一节 电子束熔化原理与设备介绍

一、电子束熔化的工作原理与物理过程

电子束熔化技术是一种利用高能电子束作为热源,通过精确控制电子束的参数来实现材料熔化的先进加工技术。这种技术广泛应用于金属材料的熔化、精炼、焊接及3D打印等领域,具有高效、精确、无污染等优点。下面我们将详细阐述电子束熔化的工作原理及其物理过程。

(一)电子束熔化的工作原理

电子束熔化技术的工作原理的核心在于电子束的产生、加速和聚焦。首先,通过电子枪发射出高速运动的电子,这些电子在电场的作用下被加速到极高的速度。随后,电子经过聚焦线圈的聚焦作用,形成细小的电子束,具有较高的能量密度和精确的指向性。

在熔化过程中,高能电子束以极高的速度撞击到待加工材料的表面,电子的动能大部分转化为热能,使材料表面迅速升温至熔点以上,从而实现熔化。同时,通过精确控制电子束的扫描路径和功率,我们可以实现对材料熔化过程的精确控制。

电子束熔化技术具有以下几个显著特点:一是能量密度高,熔化速度快,生产效率高;二是熔化过程精确可控,能够实现复杂形状和精细结构的加工;三是熔化过程中无须添加其他辅助材料,减少了污染和杂质的引入;四是适用范围广,可用于各种金属材料的熔化加工。

(二)电子束熔化的物理过程

电子束熔化的物理过程主要包括电子束与材料表面的相互作用、热能传递与扩散及熔化相变等阶段。

首先,当高能电子束撞击到材料表面时,电子与材料原子发生碰撞,将动能转化为热能,使材料表面迅速升温。同时,电子束的穿透深度取决于材料的性质和电子束的能量,对于金属材料而言,电子束主要作用在材料表面附近。

随着材料表面温度的升高,热能开始通过热传导和热辐射的方式向材料内部传递。

热传导是热能通过材料内部微观粒子的相互碰撞和振动来传递的，而热辐射则是热能以电磁波的形式向外发射。在熔化过程中，热传导和热辐射共同作用，使材料内部温度逐渐升高。

当材料表面和内部温度达到熔点时，材料开始发生相变，由固态转变为液态。熔化过程中，液态金属在表面张力和重力等作用下形成熔池，熔池的形状和大小取决于电子束的扫描路径和功率。

随着熔化过程的进行，熔池中的金属液不断流动和混合，实现了金属材料的精炼和均匀化。同时，通过控制电子束的参数和扫描路径，我们可以实现对熔池形状、尺寸和位置的精确控制，从而得到所需的熔化结构和形状。

在熔化结束后，随着电子束的撤离和冷却过程的进行，熔池中的液态金属逐渐凝固成固态。凝固过程中，金属内部的微观结构和性能会发生变化，通过控制冷却速度和条件，我们可以实现对材料性能的优化和调控。

（三）电子束熔化技术的优化与发展

随着科技的进步和应用的深入，电子束熔化技术也在不断优化和发展。一方面，通过改进电子枪的结构和性能，提高电子束的能量密度和稳定性，从而提高熔化效率和加工精度；另一方面，通过引入先进的控制系统和算法，实现对电子束熔化过程的精确控制和智能化管理，提高加工质量和效率。

此外，电子束熔化技术还与其他先进技术相结合，形成了多种复合加工方法。例如，将电子束熔化技术与增材制造技术相结合，可以实现金属零件的快速成型和修复；将电子束熔化技术与激光加工技术相结合，可以实现更高效的材料去除和加工。

综上所述，电子束熔化技术以其高效、精确、无污染等优点在金属材料加工领域具有广阔的应用前景。通过不断优化和发展电子束熔化技术，我们将有望推动金属材料加工技术的进步和创新。

二、电子束熔化设备的结构与关键技术

电子束熔化设备作为现代高科技制造领域的重要工具，其结构设计与关键技术的运用直接决定了设备的性能与应用效果。这种设备通常集成了电子束产生、加速、聚焦、扫描及过程控制等多个子系统，并通过精确的工艺参数设置来实现材料的熔化加工。

（一）电子束熔化设备的结构

电子束熔化设备主要由电子枪、真空系统、控制系统、工作台及冷却系统等组成，这些部分协同工作，完成从电子束的产生到材料熔化的整个过程。

电子枪是电子束熔化设备的核心部件，负责产生并加速电子束。它通常由阴极、阳极和聚焦线圈组成。阴极发射电子，阳极提供电场加速电子，而聚焦线圈则负责将电子束聚焦成细小的束斑。

真空系统是电子束熔化设备正常运行的必要条件。由于电子束在空气中的传播会

受到严重干扰，因此设备内部需要保持高真空状态。真空系统通常包括真空泵、真空室及相应的密封结构，确保设备内部的气压达到工艺要求。

控制系统是电子束熔化设备的"大脑"，负责控制电子束的参数（如功率、扫描速度、扫描路径等）及整个熔化过程的执行。现代电子束熔化设备通常采用计算机控制系统，能够实现高度自动化和精确控制。

工作台是承载和固定待加工材料的部件，需要具备良好的热稳定性和机械强度。

冷却系统则用于散去设备运行过程中产生的热量，确保设备各部分温度保持在允许范围内。

（二）电子束熔化设备的关键技术

电子束熔化设备的关键技术主要包括电子束产生与控制技术、真空技术、扫描与定位技术及过程监控与优化技术等。

电子束产生与控制技术是电子束熔化设备的核心技术之一。这涉及电子枪的结构设计、电子束的能量分布、稳定性及束斑大小的调控等方面。优化电子束的参数是提高熔化效率、降低能耗及减少材料热损伤的关键。

真空技术是保障电子束熔化设备正常运行的重要基础。设备内部需要达到一定的真空度，以减少电子束与空气中分子的碰撞，提高电子束的传输效率。同时，真空系统还需要具备快速抽气、高效密封及稳定运行等特性。

扫描与定位技术是实现材料精确熔化加工的关键。通过精确控制电子束的扫描路径和速度，我们可以实现对材料表面的均匀加热和精确熔化。此外，定位技术的精度也直接影响到熔化加工的准确性和重复性。

过程监控与优化技术则是提高电子束熔化设备性能的重要手段。通过实时监测熔化过程中的温度、压力、真空度等参数，我们可以及时发现并处理异常情况，确保熔化过程的稳定性和安全性。同时，基于数据分析和机器学习等方法，我们还可以对熔化过程进行优化，提高加工质量和效率。

（三）电子束熔化设备的发展趋势

随着科技的进步和应用的深入，电子束熔化设备正朝着更高效、更智能、更环保的方向发展。一方面，通过改进电子枪的结构和性能，提高电子束的能量密度和稳定性，我们可以实现更高效、更均匀的熔化加工；另一方面，借助先进的传感器和控制系统，我们可以实现设备的智能化管理和远程控制，提高生产效率和降低人工成本。

此外，随着环保意识的增强，电子束熔化设备在节能降耗、减少排放等方面也取得了显著进步。通过优化设备的结构和工艺参数，降低能源消耗和环境污染，我们可以实现绿色制造和可持续发展。

总之，电子束熔化设备的结构与关键技术是其高效稳定运行的基础和保障。通过不断优化和创新这些技术，我们可以推动电子束熔化设备在更多领域得到应用，为现代制造业的发展作出更大贡献。同时，我们也需要关注设备的安全性和可靠性问题，确保其在复杂多变的工作环境中能够稳定可靠地运行。

三、电子束熔化设备的选型与配置

电子束熔化设备作为一种高精度、高效率的熔化加工设备，其选型与配置对于实现材料的精确加工和优质生产至关重要。正确选择适合的电子束熔化设备并合理配置其各项参数，可以显著提高加工质量、降低生产成本，并为企业带来更好的经济效益。

（一）电子束熔化设备的选型原则

在选型过程中，我们需要遵循几个基本原则，以确保所选设备能够满足生产需求。

首先，要充分考虑加工材料的特性和要求。不同的材料具有不同的熔点、热导率和化学性质，因此，在选择电子束熔化设备时，我们需要考虑设备是否能够适应这些特性，并满足材料的熔化加工要求。

其次，要考虑生产规模和效率。生产规模的大小和加工效率的高低直接影响到设备的选型。对于大规模生产和高效率加工的企业，我们需要选择功率大、稳定性好、自动化程度高的设备，以满足生产需求。

再次，设备的质量和可靠性也是选型过程中的重要考虑因素。优质的设备往往具有更高的稳定性和更长的使用寿命，能够降低设备故障率和维修成本，提高企业的生产效益。

最后，我们还要考虑设备的成本和投资回报。设备的价格、运行成本及维护费用等都是选型时需要综合考虑的因素。在确保满足生产需求的前提下，我们应尽量选择性价比高的设备，以实现更好的投资回报。

（二）电子束熔化设备的配置要素

在配置电子束熔化设备时，我们需要关注以下几个关键要素。

首先是电子枪的配置。电子枪是设备的核心部件，其性能直接影响到熔化加工的质量和效率。因此，在选择电子枪时，我们需要考虑其功率、稳定性、束斑大小及使用寿命等因素，确保电子枪能够满足生产需求。

其次是真空系统的配置。真空系统对于保证电子束的稳定传输和熔化加工过程的顺利进行至关重要。在选择真空系统时，我们需要考虑其抽气速度、真空度及密封性能等因素，确保设备内部能够保持高真空状态。

再次，控制系统的配置也是不可忽视的一环。控制系统是设备的"大脑"，负责控制电子束的参数和熔化加工过程。在选择控制系统时，我们需要考虑其自动化程度、控制精度及操作便捷性等因素，以提高设备的操作效率和加工精度。

最后，还需要关注工作台和冷却系统的配置。工作台需要具备足够的承载能力和稳定性，以确保加工过程中的材料固定和定位精度。冷却系统则需要能够有效散去设备运行过程中产生的热量，保证设备的稳定运行。

（三）电子束熔化设备的选型与配置实例分析

为了更好地说明电子束熔化设备的选型与配置过程，我们可以结合具体的实例进行分析。

假设某企业需要进行高精度、高效率的金属熔化加工，我们可以根据企业的生产需求和材料特性进行设备选型。首先，根据材料的熔点和熔化速率要求，选择一款功率适中、稳定性好的电子枪。然后，根据生产规模和加工效率需求，选择一款具备较高自动化程度和操作便捷性的控制系统。同时，为了保证加工过程中的真空环境，配置一款抽气速度快、密封性能好的真空系统。此外，还需要选择一款承载能力强、稳定性好的工作台，以确保加工过程中的材料固定和定位精度。最后，根据设备的散热需求，配置一套高效的冷却系统。

在配置过程中，我们还需要注意各项参数之间的匹配和协调。例如，电子枪的功率和控制系统的控制精度需要相互匹配，以确保熔化加工过程的稳定性和精度。同时，真空系统的抽气速度和密封性能也需要与工作台的承载能力和稳定性相协调，以保证整个熔化加工过程的顺利进行。

通过合理选型与配置，我们可以为企业打造一套高效、稳定、可靠的电子束熔化加工系统，满足企业的生产需求并提高经济效益。

综上所述，电子束熔化设备的选型与配置是一个复杂而重要的过程。我们需要根据企业的生产需求、材料特性及设备性能进行综合考虑，选择适合的设备和配置方案。同时，我们还需要关注设备的质量和可靠性、操作便捷性及投资回报等因素，以实现更好的生产效益和经济效益。

第二节　电子束熔化材料与特性

一、电子束熔化材料的种类与性能

电子束熔化技术作为一种先进的材料加工手段，其在材料加工领域的应用日益广泛。电子束以其独特的能量形式，使得材料在熔化过程中能够实现高度的局部化和精确化控制。不同种类的材料在电子束熔化过程中展现出各异的性能特点，这使得电子束熔化技术在材料加工领域具有广阔的应用前景。

（一）金属材料的电子束熔化

金属材料是电子束熔化技术的主要应用领域之一。常见的金属材料如钛、钨、钼、钽等，在电子束的作用下能够迅速熔化，且熔化过程具有较高的精度和可控性。电子束的高能量密度使得金属材料在熔化过程中能够实现快速加热和冷却，从而减少了材料的热影响，提高了加工质量。

在电子束熔化过程中，金属材料的性能变化主要体现在其组织结构和力学性能上。由于电子束熔化的快速加热和冷却特点，金属材料在熔化后往往能够形成细小的晶粒结构，这有助于提高材料的力学性能和耐磨性。同时，电子束熔化还可以实现金属材料的合金化，通过添加其他金属或非金属元素，改善材料的性能。

（二）陶瓷材料的电子束熔化

陶瓷材料以其高硬度、高耐磨性和优良的化学稳定性等特点，在电子束熔化领域也具有重要的应用价值。陶瓷材料在电子束的作用下，能够实现局部熔化，形成具有特殊功能和性能的陶瓷零件。

电子束熔化技术对于陶瓷材料的加工具有显著的优势。首先，电子束的高能量密度能够实现陶瓷材料的快速熔化，提高了加工效率。其次，电子束熔化过程中的精确控制使得陶瓷材料在熔化后能够保持较高的精度和表面质量。此外，电子束熔化还可以实现陶瓷材料与其他材料的复合，制备出具有优异性能的多功能复合材料。

然而，陶瓷材料在电子束熔化过程中也存在一些挑战。由于陶瓷材料的熔点较高，需要更高的电子束能量才能实现熔化。同时，陶瓷材料在熔化过程中容易发生开裂和变形等问题，因此需要对工艺参数进行精确控制，以避免这些问题的发生。

（三）复合材料的电子束熔化

复合材料是由两种或两种以上不同性质的材料通过物理或化学方法组合而成的一种具有新性能的材料。在电子束熔化过程中，复合材料可以通过精确控制电子束的能量和扫描速度，实现不同材料之间的精确合成和加工。

电子束熔化技术能够充分发挥复合材料中各组分材料的性能优势，制备出具有优异性能的复合材料零件。例如，通过电子束熔化技术可以将金属和陶瓷材料复合在一起，制备出既具有金属材料的韧性又具有陶瓷材料硬度和耐磨性的复合材料。此外，电子束熔化还可以实现纳米材料、生物材料等新型材料的加工和制备。

然而，复合材料的电子束熔化也面临一些技术挑战。由于复合材料中各组分材料的性质差异较大，需要在熔化过程中进行精确的参数控制，以确保各组分材料能够充分混合并形成良好的界面结合。同时，复合材料的电子束熔化还需要考虑材料之间的热膨胀系数、化学相容性等因素，以避免在熔化过程中出现开裂、分层等问题。

综上所述，电子束熔化技术在不同种类的材料加工中展现出独特的优势和应用价值。通过精确控制电子束的参数和扫描速度，我们可以实现材料的快速熔化、精确合成和加工。然而，不同材料在电子束熔化过程中也存在各自的挑战和问题，需要针对具体材料进行工艺参数的优化和调整。未来随着电子束熔化技术的不断发展和完善，相信其在材料加工领域的应用将会更加广泛和深入。

二、材料性能对电子束熔化工艺的影响

电子束熔化工艺作为现代材料加工领域的重要技术，其加工效果与材料的性能特性密切相关。不同材料因其独特的物理、化学和机械性能，在电子束熔化过程中会展现出不同的响应和变化，进而影响工艺参数的选择、加工效率及最终产品的性能。

（一）材料的熔点与热导率对电子束熔化工艺的影响

材料的熔点是决定电子束熔化难易程度的关键因素。熔点高的材料需要更高的电

子束能量密度才能实现熔化，这要求设备具有更高的功率和更精确的能量控制。相反，熔点低的材料则更容易熔化，但也可能出现熔化过快、难以控制的情况。因此，针对不同熔点的材料，我们需要合理调整电子束的功率、扫描速度等参数，以确保熔化过程的稳定性和加工质量。

热导率是材料传导热量的能力，它直接影响电子束熔化过程中的热量分布和温度梯度。热导率高的材料能够快速将热量传导至周围区域，从而减小了熔化区域的温度梯度，有利于实现均匀熔化。然而，这也可能导致热量过快散失，需要更高的电子束能量来维持熔化状态。相反，热导率低的材料热量散失较慢，熔化区域温度梯度较大，容易造成局部过热或熔化不均匀。因此，在选择电子束熔化工艺参数时，我们需要考虑材料的热导率特性，以优化热量分布和熔化效果。

（二）材料的化学稳定性与电子束熔化的相容性

材料的化学稳定性决定了其在电子束作用下的化学变化程度。对于化学稳定性高的材料，电子束熔化过程中不易发生氧化、挥发等化学反应，有利于保持材料的原始性状和成分。然而，对于化学稳定性较差的材料，电子束的高能量可能引发材料的氧化、分解等反应，导致材料性能下降或产生有害气体。因此，在选择电子束熔化工艺时，我们需要考虑材料的化学稳定性，并采取相应的保护措施，如使用惰性气体保护、控制熔化环境等，以减少化学变化对材料性能的影响。

此外，材料的电子束熔化相容性也是影响工艺选择的重要因素。某些材料在电子束作用下可能产生飞溅、蒸发或气化等现象，这不仅影响熔化过程的稳定性，还可能对设备造成损害。因此，在选择电子束熔化工艺时，我们需要充分了解材料的相容性特性，避免选择与之不相容的材料或采取相应的防护措施。

（三）材料的机械性能对电子束熔化后产品性能的影响

材料的机械性能如强度、硬度、韧性等，直接决定了电子束熔化后产品的性能表现。电子束熔化过程中，材料的微观结构会发生变化，如晶粒细化、相变等，这些变化会影响材料的机械性能。因此，在电子束熔化工艺中，我们需要通过控制熔化参数和后续处理工艺来优化材料的微观结构，从而提高产品的机械性能。

同时，电子束熔化过程中的热应力也是影响产品性能的重要因素。由于电子束的高能量密度和快速加热特性，熔化区域可能产生较大的热应力，导致产品出现裂纹、变形等缺陷。因此，在电子束熔化工艺中，我们需要采取适当的措施来减小热应力，如优化扫描路径、控制熔化速度等，以提高产品的质量和性能。

综上所述，材料性能对电子束熔化工艺具有显著的影响。在选择电子束熔化工艺时，我们需要充分考虑材料的熔点、热导率、化学稳定性及机械性能等特性，并采取相应的工艺措施和优化手段，以实现高效、高质量的电子束熔化加工。随着材料科学和电子束熔化技术的不断发展，未来将有更多新型材料应用于电子束熔化工艺中，这也将推动电子束熔化技术的不断创新和完善。

三、电子束熔化材料的选择与优化

电子束熔化技术作为一种先进的材料加工方法，具有高精度、高效率和高可控性等优点，广泛应用于航空航天、汽车制造、电子工业等领域。然而，电子束熔化过程中材料的选择与优化是确保加工质量和性能的关键因素。下面我们将围绕电子束熔化材料的选择与优化展开详细讨论。

（一）电子束熔化材料选择的基本原则

在选择电子束熔化材料时，我们需要遵循几个基本原则，以确保所选材料能够满足加工需求和性能要求。

首先，要考虑材料的熔点与热导率。熔点低的材料更容易熔化，但可能导致加工过程中热量散失过快，影响熔化效果。因此，在选择材料时，我们需要综合考虑其熔点和热导率，以确保熔化过程的稳定性和可控性。

其次，材料的化学稳定性也是重要的选择依据。化学稳定性好的材料在电子束作用下不易发生氧化、挥发等化学反应，有利于保持材料的原始性状和成分。因此，在选择电子束熔化材料时，我们应优先选择化学稳定性好的材料。

再次，材料的机械性能也是需要考虑的因素。不同的应用领域对材料的机械性能有不同的要求，如强度、硬度、韧性等。因此，在选择电子束熔化材料时，我们需要根据实际应用需求，选择具有合适机械性能的材料。

最后，材料的成本也是不可忽视的因素。在满足加工需求和性能要求的前提下，我们应尽量选择成本较低的材料，以降低生产成本和提高经济效益。

（二）电子束熔化材料的优化策略

电子束熔化材料的优化旨在通过调整材料成分、改善材料性能、优化加工参数等手段，提高加工质量和产品性能。

首先，可以通过调整材料的成分来优化其性能。例如，在金属材料中添加合金元素，可以改善其强度、硬度和耐腐蚀性等性能。通过精确控制材料的成分比例，我们可以进一步优化电子束熔化过程中的熔化效果和产品性能。

其次，改善材料的预处理工艺也是优化电子束熔化效果的重要手段。预处理工艺包括材料的清洁、表面处理等步骤，这些步骤能够去除材料表面的杂质和氧化物，提高材料的纯净度和熔化质量。通过优化预处理工艺，我们可以减少熔化过程中的缺陷和杂质，提高产品的质量和可靠性。

再次，优化电子束熔化的加工参数也是实现材料优化的关键。加工参数包括电子束的功率、扫描速度、聚焦深度等，这些参数直接影响熔化过程的稳定性和产品质量。通过调整这些参数，我们可以控制熔化区域的温度分布、熔化速度和冷却速度等关键因素，从而优化材料的熔化效果和性能。

最后，还需要关注电子束熔化过程中的工艺控制。工艺控制包括熔化过程的监测、温度控制、气氛保护等方面。通过精确控制这些工艺参数，我们可以确保熔化过程的稳定性和可控性，减少加工过程中的误差和不确定性，提高产品的质量和一致性。

（三）电子束熔化材料选择与优化的案例分析

为了更具体地说明电子束熔化材料的选择与优化过程，我们可以结合具体的案例分析。

以航空航天领域为例，该领域对材料的性能要求极高，需要材料具有高强度、高韧性、高耐腐蚀性等特性。在选择电子束熔化材料时，我们可以考虑使用钛合金、高温合金等高性能材料。这些材料具有良好的机械性能和化学稳定性，能够满足航空航天领域对材料性能的要求。

在优化过程中，我们可以通过调整材料的成分比例来改善其性能。例如，在钛合金中添加适量的合金元素，可以提高其强度和耐腐蚀性。同时，优化预处理工艺和加工参数也是提高熔化效果和产品性能的关键。通过精确控制电子束的功率和扫描速度等参数，我们可以实现钛合金的快速、均匀熔化，并减少熔化过程中的缺陷和杂质。

通过材料选择与优化的综合应用，我们可以为航空航天领域提供高质量、高性能的电子束熔化产品，满足该领域对材料性能和加工质量的严格要求。

综上所述，电子束熔化材料的选择与优化是一个复杂而重要的过程。通过遵循基本原则、采取优化策略并结合具体案例分析，我们可以选择出合适的材料并通过优化手段提高加工质量和产品性能。未来随着材料科学和电子束熔化技术的不断发展，相信我们能够在材料选择与优化方面取得更多的突破和创新。

第三节　电子束熔化增材制造工艺的优势与挑战

一、电子束熔化增材制造工艺的主要优势

电子束熔化增材制造工艺，作为一种先进的制造技术，近年来在多个领域得到了广泛应用。它利用电子束作为热源，通过逐层堆积的方式构建三维实体零件。相比传统的减材制造和某些增材制造方法，电子束熔化增材制造工艺具有诸多显著的优势，为现代制造业带来了革命性的变革。

（一）高效快速的成形能力

电子束熔化增材制造工艺以其高效快速的成形能力脱颖而出。电子束作为热源，具有极高的能量密度和加热速度，能够在短时间内将材料熔化并逐层堆积。这种高效的熔化过程使得电子束熔化增材制造工艺能够在短时间内完成复杂零件的加工，大大提高了生产效率。同时，由于电子束的快速加热和冷却特性，成形过程中产生的热影响较小，有助于保持材料的原始性状。

此外，电子束熔化增材制造工艺还可以实现多材料的同时加工。通过调整电子束

的参数和扫描路径，我们可以在同一零件中融合不同的材料，形成具有复杂结构和性能特点的复合材料零件。这种多材料加工能力使得电子束熔化增材制造工艺在航空航天、汽车制造等领域具有广阔的应用前景。

（二）高精度与高质量的成形效果

电子束熔化增材制造工艺在成形精度和质量方面也表现出色。电子束的高能量密度和精确可控性使得熔化过程具有高度的局部化和精确化特点。通过精确控制电子束的功率、扫描速度和聚焦深度等参数，我们可以实现对熔化区域的精确控制，从而得到高精度、高质量的成形件。

同时，电子束熔化增材制造工艺还具有优异的成形表面质量。在熔化过程中，电子束的高能量使得材料表面得到充分熔化并平滑化，减少了表面粗糙度和缺陷的产生。这种高质量的成形效果有助于提高零件的力学性能和耐磨性，延长其使用寿命。

（三）广泛的材料适用性与创新性

电子束熔化增材制造工艺具有广泛的材料适用性，可以加工多种金属材料、陶瓷材料及复合材料。对于金属材料，电子束熔化增材制造工艺可以加工高熔点、难加工的材料，如钛合金、高温合金等。对于陶瓷材料和复合材料，电子束熔化增材制造工艺可以通过精确控制熔化过程和材料配比，实现复杂结构和优异性能的零件的制造。

此外，电子束熔化增材制造工艺还具有创新性。它不仅可以用于制造传统的实体零件，还可以实现复杂结构、多孔结构、梯度结构等新型零件的制造。这些新型结构零件具有优异的力学性能和功能特点，为产品设计提供了更多的可能性。

电子束熔化增材制造工艺的广泛材料适用性和创新性使其在航空航天、汽车制造、医疗器械等领域具有广泛的应用价值。例如，在航空航天领域，电子束熔化增材制造工艺可以制造复杂的发动机零部件和轻质结构件，提高飞行器的性能和安全性；在汽车制造领域，该工艺可以用于制造高性能的发动机部件和轻量化车身结构，提高汽车的性能和燃油经济性。

综上所述，电子束熔化增材制造工艺以其高效快速的成形能力、高精度与高质量的成形效果及广泛的材料适用性与创新性等主要优势，为现代制造业带来了显著的变革和进步。随着该工艺的进一步发展和完善，相信未来其将在更多领域展现出独特的价值和潜力。

二、电子束熔化过程中的技术难点与挑战

电子束熔化技术作为一种先进的增材制造工艺，尽管具有诸多优势，但在实际应用过程中仍然面临一些技术难点和挑战。这些难点和挑战涉及熔化过程的控制、设备精度的提升及材料的选择与加工等多个方面。

（一）熔化过程控制的复杂性

电子束熔化过程中的熔化控制是一项极其复杂的任务。首先，电子束的能量密度

高、加热速度快，导致材料熔化速率难以精确控制。若熔化速率过快，可能造成熔化区域不稳定，导致零件质量下降；若熔化速率过慢，则可能延长加工周期，降低生产效率。因此，如何精确控制电子束的能量输出和扫描速度，以实现稳定的熔化速率，是电子束熔化技术面临的一大挑战。

其次，熔化过程中的温度场分布也是控制难点之一。电子束熔化过程中，温度场的变化直接影响材料的熔化状态、凝固速度和微观结构。然而，由于电子束的局部加热特性，温度场分布往往呈现出高度的非均匀性，导致熔化区域与周围区域产生较大的温度梯度。这种温度梯度可能引发热应力、裂纹等缺陷，影响零件的力学性能和使用寿命。因此，如何优化电子束扫描策略，实现均匀的温度场分布，是电子束熔化技术需要解决的关键问题。

（二）设备精度与稳定性的要求

电子束熔化技术对设备的精度和稳定性要求极高。首先，电子束的聚焦和定位精度直接影响到熔化区域的尺寸和形状。然而，由于电子束在传输过程中受到磁场、电场等多种因素的影响，其聚焦和定位精度往往难以达到理想状态。这可能导致熔化区域偏离预设位置，造成零件尺寸偏差和形状失真。因此，如何提高电子束聚焦和定位精度，是实现高精度电子束熔化加工的关键。

其次，设备的稳定性也是影响电子束熔化效果的重要因素。在长时间的加工过程中，设备可能因热变形、机械磨损等原因导致性能下降，进而影响电子束的稳定性和加工质量。因此，如何确保设备在长时间运行过程中保持稳定的性能，是电子束熔化技术需要克服的技术难点。

（三）材料选择与加工的挑战

电子束熔化技术对材料的选择和加工也提出了特殊要求。首先，不是所有材料都适合电子束熔化加工。某些材料在电子束作用下可能产生严重的氧化、挥发或相变等反应，导致材料性能下降或加工失败。因此，在选择材料时，我们需要充分考虑其化学稳定性、热物理性能和熔化特性等因素，以确保其适用于电子束熔化加工。

其次，即使选择了合适的材料，其加工过程也可能面临一些挑战。例如，某些材料在熔化过程中可能产生气孔、夹杂等缺陷，影响零件的致密性和力学性能。此外，不同材料的熔化温度和凝固速度差异较大，需要根据具体情况调整电子束的功率和扫描速度等参数，以实现最佳的熔化效果。这要求操作人员具备丰富的经验和技能，能够灵活应对各种材料加工过程中的问题。

综上所述，电子束熔化技术在熔化过程控制、设备精度与稳定性及材料选择与加工等方面面临着诸多技术难点和挑战。为了克服这些难点和挑战，我们需要深入研究电子束熔化过程的物理机制，优化设备结构和控制算法，探索新的材料加工方法和工艺参数。同时，我们还需要加强操作人员的技术培训和经验积累，提高他们在面对各种复杂情况时的应对能力。相信随着技术的不断进步和完善，电子束熔化技术将在未来展现出更加广阔的应用前景。

三、工艺参数的优化与工艺稳定性提升

电子束熔化增材制造工艺作为一种先进的制造技术,其工艺参数的优化与工艺稳定性的提升对于确保零件质量和提高生产效率至关重要。下面我们将深入探讨工艺参数的优化方法及工艺稳定性的提升策略,为电子束熔化增材制造工艺的应用提供指导。

(一) 工艺参数的优化方法

工艺参数的优化是电子束熔化增材制造工艺中的关键环节。首先,我们需要明确影响电子束熔化过程的主要工艺参数,包括电子束的功率、扫描速度、聚焦深度、熔化层厚度等。这些参数的选择将直接影响熔化速率、温度场分布及零件的成形质量和性能。

为了优化这些工艺参数,我们可以采用实验法和数值模拟法相结合的方法。通过实验法,我们可以在实际加工过程中观察不同参数组合对零件成形效果的影响,从而初步确定参数的取值范围。而数值模拟法则可以通过建立电子束熔化过程的数学模型,对熔化过程进行仿真分析,预测不同参数下的成形结果。通过对比实验和模拟结果,我们可以找到最佳的工艺参数组合,实现零件的高质量成形。

此外,人工智能和机器学习等先进技术的应用也为工艺参数的优化提供了新的途径。通过对大量实验数据的分析和学习,这些技术可以自动调整工艺参数,以适应不同材料和零件的加工需求。这种方法可以大大提高工艺参数优化的效率和准确性,为电子束熔化增材制造工艺的广泛应用提供有力支持。

(二) 工艺稳定性的提升策略

工艺稳定性的提升是确保电子束熔化增材制造工艺可靠性的关键。首先,我们需要关注设备的稳定性和精度。设备作为工艺实施的基础,其性能的好坏直接影响到工艺的稳定性。因此,我们需要定期对设备进行维护和保养,确保其处于良好的工作状态。同时,我们还需要定期对设备进行校准和检测,以确保其精度满足加工要求。

其次,环境因素的影响也不容忽视。电子束熔化过程对环境温度、湿度和洁净度等都有一定的要求。为了降低环境因素对工艺稳定性的影响,我们需要严格控制加工环境,确保其在合适的范围内。此外,我们还需要采取有效的防护措施,防止外界杂质和污染物进入加工区域,以免影响零件的成形质量和性能。

再次,操作人员的技术水平和经验也是影响工艺稳定性的重要因素。操作人员需要熟练掌握电子束熔化增材制造工艺的原理和操作技巧,能够准确判断和处理加工过程中出现的问题。为了提高操作人员的技能水平,我们需要加强培训和指导,让他们充分了解和掌握工艺参数优化和工艺稳定性提升的方法和技巧。

最后,工艺流程的规范化和标准化也是提升工艺稳定性的重要手段。通过制定详细的工艺流程和操作规范,我们可以确保每个加工环节都按照统一的标准进行,从而降低人为因素对工艺稳定性的影响。同时,我们还需要建立完善的质量管理体系,对加工过程进行全程监控和质量检测,确保零件的质量符合要求。

综上所述，工艺参数的优化与工艺稳定性的提升是电子束熔化增材制造工艺中不可或缺的重要环节。通过采用实验法、数值模拟法及人工智能和机器学习等技术手段优化工艺参数，我们可以实现零件的高质量成形。同时，通过关注设备稳定性、环境因素、操作人员技能和工艺流程的规范化等方面提升工艺稳定性，我们可以确保电子束熔化增材制造工艺的可靠性和稳定性。随着技术的不断进步和完善，相信电子束熔化增材制造工艺将在未来发挥更大的作用，为制造业的发展注入新的活力。

第四节　电子束熔化增材制造在航空领域的应用

一、电子束熔化在航空零部件制造中的应用

随着航空工业的快速发展，人们对航空零部件的性能和质量要求日益提高。电子束熔化技术作为一种先进的增材制造工艺，以其高精度、高效率和高性能的特点，在航空零部件制造中得到了广泛应用。下面我们将详细探讨电子束熔化在航空零部件制造中的应用，包括其优势、具体应用案例及未来发展趋势。

（一）电子束熔化在航空零部件制造中的优势

电子束熔化技术在航空零部件制造中展现出诸多优势。首先，该技术能够实现高精度成形。航空零部件往往具有复杂的结构和精密的尺寸要求，电子束熔化技术通过精确控制电子束的功率和扫描路径，能够实现微米级的成形精度，满足航空零部件的高精度制造需求。

其次，电子束熔化技术具有高效率的特点。相较于传统的加工方法，电子束熔化技术能够直接通过熔化金属粉末或丝材来构建零部件，无须进行复杂的切削加工，从而大幅缩短了制造周期。此外，电子束熔化技术还具有快速加热和冷却的特性，有助于减少热影响，提高生产效率。

最后，电子束熔化技术能够制造高性能的航空零部件。通过优化工艺参数和材料选择，电子束熔化技术可以制备出具有优异力学性能、耐腐蚀性和高温稳定性的航空零部件，满足航空工业对高性能材料的需求。

（二）电子束熔化在航空零部件制造中的具体应用案例

电子束熔化技术在航空零部件制造中的应用案例丰富多样。以发动机零部件为例，电子束熔化技术可用于制造发动机叶片、涡轮盘等关键部件。这些部件具有复杂的曲面形状和高性能要求，传统加工方法难以实现其高效、高精度制造。而电子束熔化技术通过逐层堆积的方式构建零部件，能够轻松实现复杂形状的成形，并通过优化工艺参数和材料选择，提高部件的力学性能和耐腐蚀性。

最后，电子束熔化技术还可用于制造航空结构件，如机翼、机身等部件。这些部

件需要承受巨大的载荷和极端的工作环境，对材料的性能和成形精度要求极高。电子束熔化技术通过精确控制熔化过程和材料配比，能够制备出具有优异力学性能和高温稳定性的结构件，提高航空器的整体性能和安全性。

（三）电子束熔化在航空零部件制造中的未来发展趋势

随着航空工业的不断发展，人们对航空零部件的性能和质量要求将进一步提高。电子束熔化技术作为一种先进的增材制造工艺，将在航空零部件制造中发挥越来越重要的作用。未来，电子束熔化技术将朝着更高精度、更高效率、更高性能的方向发展。

一方面，随着设备精度的提高和工艺参数的优化，电子束熔化技术将实现更高的成形精度和更好的表面质量，满足航空零部件对精度和外观的更高要求。另一方面，随着新材料和新工艺的不断涌现，电子束熔化技术将能够制备出更多具有优异性能的新型航空零部件，推动航空工业的创新发展。

此外，电子束熔化技术还将与其他先进制造技术相结合，形成更为完善的制造体系。例如，通过与数控加工、激光加工等技术相结合，实现航空零部件的快速、高效、高精度制造；通过与3D打印技术相结合，实现复杂结构件的快速原型制造和定制化生产。

综上所述，电子束熔化技术在航空零部件制造中具有广阔的应用前景和巨大的发展潜力。随着技术的不断进步和应用领域的拓展，相信电子束熔化技术将为航空工业的发展带来更多的机遇和挑战。

二、电子束熔化在航空发动机制造中的应用

航空发动机作为航空器的"心脏"，其性能和质量直接决定了航空器的飞行表现和使用寿命。因此，航空发动机制造对于材料的选择、加工技术的运用及制造过程的精确控制都有着极高的要求。电子束熔化技术作为一种先进的增材制造技术，以其高精度、高效率和高性能的特点，在航空发动机制造中发挥着日益重要的作用。

（一）电子束熔化技术应用于航空发动机制造的优势

电子束熔化技术在航空发动机制造中的应用，首先体现在其高精度成形的能力上。航空发动机零部件，尤其是涡轮叶片、燃烧室等关键部件，对形状和尺寸的精度要求极高。电子束熔化技术通过精确控制电子束的扫描路径和功率，能够实现微米级的成形精度，确保零部件的几何形状和尺寸满足设计要求。

其次，电子束熔化技术的高效性也使其在航空发动机制造中脱颖而出。航空发动机零部件的结构复杂，传统的加工方法往往需要经过多道工序才能完成，效率低下且成本高昂。而电子束熔化技术通过逐层堆积的方式直接制造零部件，大大简化了加工流程，缩短了制造周期，降低了制造成本。

此外，电子束熔化技术还能制备出高性能的航空发动机零部件。通过优化工艺参数和材料选择，电子束熔化技术可以制备出具有优异力学性能、耐腐蚀性和高温稳定性的航空发动机零部件，提高发动机的推重比、可靠性和耐久性。

（二）电子束熔化在航空发动机制造中的具体应用

在航空发动机制造中，电子束熔化技术得到了广泛应用。以涡轮叶片为例，涡轮叶片是航空发动机的核心部件之一，其性能直接影响到发动机的整体性能。电子束熔化技术可以根据设计要求，精确控制涡轮叶片的形状和内部结构，实现叶片的轻量化、高强度和优良的气动性能。同时，通过优化工艺参数和材料配比，电子束熔化技术还可以提高叶片的高温性能和抗疲劳性能，延长其使用寿命。

除了涡轮叶片外，电子束熔化技术还可用于制造航空发动机的其他关键部件，如燃烧室、喷嘴等。这些部件同样对材料性能和成形精度有着极高的要求。电子束熔化技术通过精确控制熔化过程和材料配比，可以制备出具有优异力学性能和高温稳定性的部件，提高发动机的燃烧效率和排放性能。

值得一提的是，电子束熔化技术还可以与其他先进制造技术相结合，形成更为完善的航空发动机制造体系。例如，电子束熔化技术与数控加工技术相结合，可以实现复杂形状零部件的精确加工；与3D打印技术相结合，可以实现零部件的快速原型制造和定制化生产。这些技术的融合将进一步推动航空发动机制造技术的发展和创新。

（三）电子束熔化在航空发动机制造中的挑战与展望

尽管电子束熔化技术在航空发动机制造中展现出了巨大的应用潜力，但仍面临一些挑战和问题需要解决。首先，电子束熔化技术对设备和工艺的要求较高，需要高精度的设备和复杂的工艺参数控制，这增加了技术应用的难度和成本。其次，航空发动机零部件的制造过程中涉及多种材料的复合使用和复杂结构的构建，这对电子束熔化技术的材料选择和工艺优化提出了更高的要求。此外，航空发动机制造过程中的质量控制和性能评估也是一项重要而复杂的任务，需要进一步完善相关技术和标准。

展望未来，随着技术的不断进步和应用领域的拓展，电子束熔化技术在航空发动机制造中的应用将更加广泛和深入。一方面，随着设备精度和工艺控制技术的提高，电子束熔化技术将能够实现更高精度、更高效率的航空发动机零部件制造。另一方面，随着新材料和新工艺的不断涌现，电子束熔化技术将能够制备出更多具有优异性能的新型航空发动机零部件，推动航空发动机的性能提升和成本降低。同时，随着智能制造和数字化技术的发展，电子束熔化技术将与这些先进技术相结合，实现航空发动机制造的智能化、自动化和柔性化生产。

综上所述，电子束熔化技术在航空发动机制造中具有重要的应用价值和广阔的发展前景。通过不断克服挑战、优化技术和拓展应用领域，电子束熔化技术将为航空发动机制造带来更多的创新和突破，推动航空工业的持续发展。

三、电子束熔化在航空新材料研发中的潜力

随着航空工业的飞速发展，人们对航空材料性能的要求也在不断提高。传统的航空材料制造方法往往受限于材料种类、制备工艺和性能优化等方面，难以满足新一代航空器的需求。电子束熔化技术作为一种先进的增材制造技术，在航空新材料研发中

展现出巨大的潜力。下面我们将探讨电子束熔化在航空新材料研发中的应用及其潜力。

（一）电子束熔化技术在新材料制备方面的优势

电子束熔化技术在新材料制备方面拥有显著优势。首先，该技术可以实现高纯度材料的制备。电子束熔化过程中，高温的电子束能够迅速熔化原材料，同时有效地去除其中的杂质和氧化物，从而得到高纯度的熔化产物。这对于制备高性能的航空材料至关重要。

其次，电子束熔化技术具有优异的冶金性能。通过精确控制电子束的功率、扫描速度和熔化深度等参数，我们可以实现材料的精确冶金合成，获得具有优异力学性能和物理性能的新材料。此外，电子束熔化还可以实现多种材料的复合制备，为开发新型复合材料提供了有效途径。

最后，电子束熔化技术具有高度的灵活性和定制化能力。通过调整工艺参数和材料配比，我们可以制备出具有特定性能的新材料，满足航空工业对多样化材料的需求。同时，电子束熔化技术还可以实现复杂形状和结构的零件制造，为航空器的设计提供更多可能性。

（二）电子束熔化在航空新材料研发中的具体应用

电子束熔化技术在航空新材料研发中的应用广泛且深入。首先，在轻质高强材料方面，电子束熔化技术可用于制备钛合金、铝合金等轻质高强材料。通过优化工艺参数和材料配比，我们可以实现材料的微观结构调控和性能提升，为航空器的减重和提高性能提供有力支持。

其次，在耐高温材料方面，电子束熔化技术可用于制备陶瓷基复合材料、碳基复合材料等耐高温材料。这些材料具有优异的高温稳定性和抗氧化性能，适用于航空发动机、热防护系统等关键部件的制造。

最后，在功能材料方面，电子束熔化技术也展现出巨大的潜力。例如，通过精确控制熔化过程和材料配比，我们可以制备出具有特定电磁性能、光学性能或生物相容性的功能材料，为航空器的隐身、通信和医疗等领域提供创新解决方案。

（三）电子束熔化在航空新材料研发中的挑战与展望

尽管电子束熔化技术在航空新材料研发中展现出巨大的潜力，但仍面临一些挑战和问题需要解决。首先，电子束熔化技术的设备成本较高，且对操作人员的技能要求较高，这在一定程度上限制了其在新材料研发中的广泛应用。为了降低成本和提高效率，我们需要进一步研发更加高效、稳定的电子束熔化设备和工艺。

其次，航空新材料研发涉及的材料种类繁多，性能要求各异，因此我们需要对电子束熔化技术进行针对性优化和改进。这包括对不同材料的熔化特性、冶金性能及与其他制备技术的兼容性等方面的研究。

展望未来，随着电子束熔化技术的不断发展和完善，其在航空新材料研发中的应用将更加广泛和深入。一方面，随着设备性能和工艺水平的提高，电子束熔化技术将能够制备出更多具有优异性能的新型航空材料，满足航空工业对高性能材料的需求。另一方面，随着航空工业的快速发展和市场需求的不断扩大，电子束熔化技术将在航空新材料研发中发挥越来越重要的作用，推动航空工业的创新发展。

同时，电子束熔化技术还将与其他先进制造技术相结合，形成更加完善的航空新材料研发体系。例如，通过与3D打印技术相结合，可以实现复杂形状和结构的航空材料零件的快速制造；通过与计算机模拟技术相结合，可以对材料的性能进行预测和优化，提高研发效率和质量。

此外，随着新材料科学的不断发展和新技术的应用，电子束熔化技术在新材料研发中的应用也将不断拓展和创新。例如，利用电子束熔化技术制备的新型纳米材料、生物材料等将有望为航空工业带来革命性的突破。

综上所述，电子束熔化技术在航空新材料研发中具有巨大的潜力和广阔的应用前景。通过不断克服挑战、优化技术、拓展应用领域，电子束熔化技术将为航空新材料研发带来更多的创新和突破，推动航空工业的持续发展。

第五节　电子束熔化增材制造的未来发展方向

一、电子束熔化技术的创新与发展趋势

电子束熔化技术作为一种先进的材料制造工艺，具有高精度、高效率、低污染等优点，被广泛应用于航空航天、汽车制造、医疗器械等领域。随着科学技术的不断进步和工业需求的不断提升，电子束熔化技术也在不断创新和发展。下面我们将从以下三个方面探讨电子束熔化技术的创新与发展趋势。

（一）材料范围的拓展

传统的电子束熔化技术主要应用于金属材料的加工，如钛合金、不锈钢等。但随着人们对材料性能要求的提高，以及新材料的不断涌现，电子束熔化技术也开始向更广泛的材料范围拓展。例如，陶瓷材料具有高温、耐腐蚀等特性，在航空航天领域有着重要应用。近年来，一些研究机构和企业开始探索利用电子束熔化技术制备陶瓷零件，通过优化工艺参数和材料配方，实现了陶瓷材料的高精度成型。此外，还有一些在生物医学领域应用的生物可降解材料，如PLGA、生物玻璃等，也可以通过电子束熔化技术进行加工，用于制备植入式医疗器械或人工组织。因此，未来电子束熔化技术在材料范围的拓展方面将会更加多样化，满足不同领域对材料性能的需求。

（二）工艺参数的优化

电子束熔化技术的加工质量受到工艺参数的影响较大，如电子束功率、扫描速度、预热温度等。传统的工艺参数选择往往是通过试验和经验积累得出的，存在一定的主

观性和盲目性。而随着仿真技术的发展和计算机计算能力的提升，人们可以利用数值模拟方法对电子束熔化过程进行建模和优化，从而实现工艺参数的精确控制。通过仿真分析，我们可以预测不同工艺参数对成型件质量的影响，优化参数组合，提高成型效率和质量稳定性。此外，我们还可以借助人工智能等技术，实现对工艺参数的自动调节和优化，提高生产效率和产品质量，降低生产成本。

（三）多尺度制造技术的集成应用

随着微纳米技术的发展，人们对微小尺度零件的需求日益增加，传统的加工方法已经无法满足对尺寸精度和表面质量的要求。电子束熔化技术具有高精度、非接触加工的优势，在微纳米制造领域具有广阔的应用前景。未来，电子束熔化技术将与光刻、离子束雕刻等微纳米制造技术相结合，实现多尺度制造的集成应用。例如，在微电子器件制造中，可以利用电子束熔化技术制备金属线路，再通过光刻技术进行图形定义，实现微米级尺度的精密加工。此外，在生物医学领域，我们可以利用电子束熔化技术制备微型植入式器件，实现对细胞和组织的精确控制和治疗。因此，多尺度制造技术的集成应用将成为电子束熔化技术未来的发展方向之一。

综上所述，电子束熔化技术作为一种先进的材料制造工艺，具有广阔的应用前景。未来，随着材料范围的拓展、工艺参数的优化和多尺度制造技术的集成应用，电子束熔化技术将不断创新和发展，为工业制造和科学研究提供更加高效、精密的解决方案。

二、电子束熔化材料的研发与应用方向

随着现代制造技术的不断进步，电子束熔化技术作为一种先进的材料制造工艺，在航空航天、汽车制造、医疗器械等领域得到了广泛的应用。而电子束熔化材料的研发与应用方向则直接影响了该技术在各个领域的应用效果和市场竞争力。下面我们将从以下三个方面探讨电子束熔化材料的研发与应用方向。

（一）金属材料的功能化合金研发

金属材料是电子束熔化技术的主要加工对象，而金属材料的功能化合金研发是当前研究的热点之一。功能化合金具有特定的物理、化学或机械性能，在航空航天、能源、汽车等领域具有广阔的应用前景。例如，具有高强度、高耐热性能的高温合金，可用于航空发动机、涡轮机等高温部件的制造；具有良好耐蚀性能的耐腐蚀合金，可用于海洋工程、化工设备等领域。因此，通过优化合金成分和工艺参数，利用电子束熔化技术制备具有特定功能的金属材料，将成为未来金属材料研发的重要方向之一。

（二）非金属材料的定向凝固技术研究

除了金属材料外，电子束熔化技术还可以用于加工非金属材料，如陶瓷、塑料等。目前，虽然非金属材料的应用范围相对较窄，但随着人们对特定性能材料的需求不断增加，非金属材料的研究也逐渐受到重视。定向凝固技术是一种制备高性能非金属材料的重要方法，通过控制材料的凝固过程，调控晶体结构和微观组织，实现材料性能

的优化。电子束熔化技术具有高能量密度和快速凝固速率的特点，适合用于非金属材料的定向凝固制备。例如，利用电子束熔化技术制备的陶瓷材料具有较细致的晶粒结构和均匀的化学成分分布，具有优异的力学性能和耐热性能，可用于航空航天、电子器件等领域。

（三）生物医用材料的定制化制备

随着生物医学技术的不断发展，人们对生物医用材料的需求也越来越多样化和个性化。传统的生物医用材料往往具有通用性，无法满足不同患者的个体化需求。而电子束熔化技术具有高精度、定制化加工的优势，可根据患者的具体情况制备符合其需求的生物医用材料。例如，利用电子束熔化技术可以制备具有特定形状和结构的植入式医疗器械，如人工关节、牙齿种植体等，可实现与患者骨骼组织良好匹配，减少排斥反应和手术风险。此外，我们还可以利用电子束熔化技术制备生物可降解材料，如PLGA、生物玻璃等，用于制备支架、缝合线等植入式医疗器械，实现材料与组织的良好结合和再生修复。因此，电子束熔化技术在生物医用材料的定制化制备方面具有广阔的应用前景。

综上所述，电子束熔化材料的研发与应用方向涵盖了金属材料的功能化合金研究、非金属材料的定向凝固技术研究及生物医用材料的定制化制备等多个领域。未来，随着科学技术的不断进步和工业需求的不断提升，电子束熔化材料将不断创新和发展，为各个领域的应用提供更加高效、可靠的材料解决方案。

三、电子束熔化增材制造在航空领域的拓展应用

随着航空工业的发展，人们对轻量化、高强度、高性能材料的需求日益迫切。电子束熔化增材制造作为一种先进的制造技术，具有高精度、快速制造、可定制性强等优势，在航空领域的应用也越来越受到关注。下面我们将从以下三个方面探讨电子束熔化增材制造在航空领域的拓展应用。

（一）轻量化结构件的制造

航空器的轻量化设计是提高其性能和降低能耗的重要手段之一。传统的制造方法往往难以实现复杂结构件的轻量化设计，而电子束熔化增材制造技术可以通过逐层堆积材料的方式，实现对复杂结构的精确控制，从而实现轻量化设计。例如，利用电子束熔化增材制造技术可以制造轻质复合材料零件，如复合金属/复合材料混合结构零件，具有高强度、高刚度、低密度等优点，可用于制造航空器的机身、机翼等结构件，实现整机重量的减轻。此外，电子束熔化增材制造技术还可以实现对内部结构的优化设计，如空心结构、网络结构等，进一步减少材料使用量，提高结构件的比强度和比刚度，降低整机的燃油消耗。

（二）复合材料零件的定制化制造

复合材料在航空领域具有重要应用，如碳纤维复合材料、玻璃纤维复合材料等，

具有高强度、高模量、耐腐蚀等优点，广泛用于航空器的结构件制造。传统的复合材料制造方法往往需要采用模具，生产周期长、成本高，且难以实现对复杂结构件的定制化制造。而电子束熔化增材制造技术可以直接将复合材料粉末或纤维与基底材料相结合，逐层堆积成型，实现对复杂结构的定制化制造。例如，可以利用电子束熔化增材制造技术制备复合材料梁、壳体等结构件，具有复杂的内部结构和外部形状，满足航空器对结构件强度、刚度、重量等方面的要求。此外，电子束熔化增材制造技术还可以实现不同材料的混合制备，如金属与复合材料的混合结构件，实现结构件功能的多样化和集成化。

（三）功能化零件的制造

随着航空器性能要求的不断提高，人们对功能化零件的需求也越来越多。功能化零件是指具有特定功能或性能的零件，如传感器、阻尼器、隔热层等，可用于提高航空器的安全性、舒适性和性能。传统的制造方法往往难以实现功能化零件的精确制造，而电子束熔化增材制造技术可以通过控制材料成分和结构，实现对功能化零件的定制化制造。例如，可以利用电子束熔化增材制造技术制备具有智能感知功能的航空器结构件，通过在结构件表面集成传感器和执行器，实现对结构件应力、变形、温度等参数的实时监测和调节，提高航空器的安全性和性能稳定性。此外，电子束熔化增材制造技术还可以实现对结构件表面的功能化涂层制备，如耐高温涂层、耐磨涂层等，提高结构件的耐磨损性、耐腐蚀性和耐高温性，延长航空器的使用寿命。

综上所述，电子束熔化增材制造在航空领域的拓展应用涵盖了轻量化结构件的制造、复合材料零件的定制化制造及功能化零件的制造等多个方面。未来，随着电子束熔化增材制造技术的不断创新和发展，其将为航空器的设计和制造提供更加灵活、高效的解决方案，推动航空工业的进一步发展。

第八章　原型制作与快速成型技术

第一节　原型制作的概念与历史发展

一、原型制作的基本概念与定义

原型制作是指在产品设计、开发过程中，为了验证设计理念、检验产品功能和性能，提前制作出与最终产品相似或相同的实物样品，以便进行测试、评估和修改的过程。简单来说，原型就是产品的雏形，通过原型我们可以直观地了解产品的外观、结构、功能等特征，为后续的设计、改进提供参考依据。

（一）原型制作的定义

1. 实物样品

原型是产品设计的物理实体，可以触摸、感知，与最终产品具有相似的外观和功能特征。

2. 验证与测试

原型制作的目的在于验证设计理念的可行性，检验产品的功能和性能，发现潜在问题并加以改进。

（二）原型制作的方法

1. 迭代与优化

原型制作是一个迭代的过程，通过不断制作、测试和修改，逐步优化产品设计，提高产品的质量和性能。

2. 多样化方法

原型制作可以采用多种方法和技术，如手工制作、快速成型、三维打印等，根据具体需求和产品特性选择合适的制作方式。

原型制作在产品开发过程中扮演着至关重要的角色，它不仅可以帮助设计师和工程师验证设计方案的可行性，降低产品开发风险，还可以提高产品的市场竞争力和用户满意度。因此，原型制作被广泛应用于各个领域，包括工业制造、医疗器械、汽车、电子产品等。

二、原型制作技术的发展历程与重要节点

原型制作技术的发展经历了多个重要节点，从传统的手工制作到现代的数字化快速成型技术，不断演变和进步，为产品设计和开发提供了更多的可能性和便利性。

（一）原型制作技术的历程

1. 手工制作时代

早期的原型制作主要依靠手工制作，设计师和工程师通过手工加工、拼装材料，制作出简单的原型样品。这种方法简单粗糙，工艺周期长，但是在当时是唯一可行的方法。

2. CNC 加工技术的应用

随着数控技术的发展，计算机数控（CNC）加工技术逐渐应用于原型制作中。设计师可以通过 CAD 软件设计出数字模型，然后利用 CNC 机床进行数控加工，制作出精密度较高的原型样品。

（二）原型制作技术的发展

1. 快速成型技术的兴起

20 世纪 80 年代末至 90 年代初，随着 3D 打印技术的兴起，快速成型技术开始应用于原型制作领域。快速成型技术包括 SLA、SLS、FDM 等，能够根据 CAD 模型直接制作出复杂的原型样品，大幅缩短了原型制作周期。

2. 增材制造技术的发展

近年来，随着增材制造技术的不断发展，如 3D 打印、激光熔化等，原型制作进入了一个全新的时代。增材制造技术不仅可以制作出复杂形状的原型样品，还可以实现多材料、多功能的一体化制造，为产品设计和开发提供了更多的可能性。

以上几个重要节点标志着原型制作技术的不断进步和演进，为产品设计和开发提供了更加高效、精确的工具和方法。

三、原型制作在产品设计中的角色与价值

（一）原型制作技术的价值

原型制作在产品设计中扮演着至关重要的角色，具有以下几个方面的价值和作用：

1. 验证设计理念

原型制作可以帮助设计师验证设计理念的可行性，将设计概念转化为实际的物理模型，直观地展现出产品的外观、结构和功能，帮助设计师发现和解决潜在问题。

2. 测试产品功能

原型制作可以用于测试产品的功能和性能，包括机械性能、电气性能、流体性能等，通过实际测试和评估，为产品的改进和优化提供数据支持。

3. 提高沟通效率

原型制作可以提高设计团队内部和与客户之间的沟通效率，设计师可以通过实物

原型与客户、生产制造部门进行交流和讨论，及时了解用户需求和意见，提高产品的满意度。

4. 降低开发风险

原型制作可以帮助企业降低产品开发的风险，通过提前制作原型进行测试和评估，及时发现和解决问题，避免产品上市后出现严重质量问题，节省了后期的成本和时间。

（二）原型制作技术的未来

1. 加速产品迭代

原型制作是产品设计和开发的一个迭代过程，通过不断制作、测试和修改，我们可以快速迭代产品设计，优化产品性能和用户体验，缩短产品的上市时间。

2. 提高市场竞争力

通过原型制作，企业可以及时了解市场需求和竞争对手的动态，快速响应市场变化，推出符合用户需求的新产品，提高企业的市场竞争力。

3. 促进创新发展

原型制作技术的不断进步和创新，为产品设计和开发提供了更多的可能性和选择，推动了创新的发展。设计师和工程师可以通过尝试新的材料、工艺和技术，探索更加前沿和先进的产品设计理念。

总的来说，原型制作在产品设计中扮演着至关重要的角色，它不仅可以帮助设计师和工程师验证设计理念、测试产品功能，提高沟通效率和加速产品迭代，还可以降低开发风险、提高市场竞争力，促进创新发展。因此，原型制作被视为产品设计和开发过程中不可或缺的一环，对于企业提高产品质量、降低成本、提高市场竞争力具有重要意义。

第二节　快速成型技术的基本原理

一、快速成型技术的核心原理与工作过程

快速成型技术是一种先进的制造技术，也被称为增材制造。它可以根据三维数字模型，通过逐层堆积材料的方式，直接制造出复杂形状的物体，而无须传统的加工工艺中所需的模具或切削工具。这种技术已经在众多领域，包括航空航天、汽车、医疗等方面得到广泛应用。在本节中，我们将探讨快速成型技术的核心原理及工作的基本流程。

（一）快速成型技术的核心原理

快速成型技术的核心原理是根据数字模型，将材料逐层堆积、凝固，最终形成所需的物体。与传统的制造技术相比，快速成型技术具有以下几个关键特点：

1. 增材制造

快速成型技术是一种增材制造技术，即通过逐层堆积材料来制造物体，而不是通过从整块材料中切削或去除材料来制造。这使得设计师能够更灵活地创建复杂的几何形状，而不受传统加工工艺的限制。

2. 数字化制造

快速成型技术是基于数字化制造的原理。设计师可以使用计算机辅助设计软件创建三维数字模型，并将其转换为能够被快速成型机理解的数据格式。这种数字化制造过程提高了制造的精度和可控性。

3. 材料选择广泛

快速成型技术可以使用多种材料，包括塑料、金属、陶瓷等。不同的材料具有不同的物理、化学性质，可以满足不同行业和应用的需求。

4. 快速制造

快速成型技术可以快速制造出物体，节省了传统制造工艺中的模具制作和加工时间，缩短了产品的开发周期。

（二）快速成型技术的工作过程

快速成型技术的工作过程可以分为以下几个基本步骤：

1. 数字建模

首先，设计师使用 CAD 软件创建三维数字模型。这个数字模型描述了所需物体的几何形状和结构特征。

2. 模型切片

数字模型被切片成一系列薄片，每一层都代表了物体的一个水平截面。这一步骤是为了将数字模型转换成适合快速成型机理解的数据格式。

3. 材料供给

在快速成型机内，选定的材料以粉末、液体或线材的形式被供给到制造区域。不同的快速成型技术采用不同的材料供给方式。

4. 层层堆积

快速成型机按照切片数据，逐层堆积材料。每一层的材料被精确地控制和固化，以形成物体的一层截面。这一过程重复进行，直到整个物体被制造出来。

5. 后处理

完成物体的制造后，可能需要进行后处理工艺，如去除支撑结构、进行表面处理、热处理等，以提高物体的精度和表面质量。

6. 检验与测试

最后，制造出的物体可能需要进行检验和测试，以验证其尺寸精度、功能性能等是否符合设计要求。

快速成型技术作为一种先进的制造技术，其核心原理是基于数字模型，通过增材制造的方式直接制造出复杂形状的物体。其工作过程包括数字建模、模型切片、材料供给、层层堆积、后处理和检验测试等步骤。这种技术已经在众多领域得到广泛应用，为制造业带来了革命性的变革，促进了工业制造的数字化和智能化发展。

二、快速成型技术的分类与特点

快速成型技术是一种以快速制造模型为目标的数字化制造技术，它通过逐层堆积材料来创建三维实体模型，为产品设计和开发提供了高效、灵活的解决方案。快速成型技术的分类与特点可以从不同的角度进行划分和描述。

（一）分类

1. 按材料类型分类

光固化型快速成型技术：包括光固化树脂（如 SLA）、多光束光固化（如 DLP）等，利用紫外光固化液态树脂来逐层固化构建模型。

熔融沉积型快速成型技术：包括熔融沉积成型（如 FDM）、选择性激光熔化成型（如 SLM、SLS）等，通过热源将材料加热到熔融状态，然后逐层沉积或熔化构建模型。

粉末固化型快速成型技术：如粉末烧结成型、多喷头熔融成型等，利用激光或喷头逐层固化或黏结粉末材料。

其他类型：如三维打印、电子束熔化成型等，根据材料的性质和加工方式进行分类。

2. 按工作原理分类

增材制造：通过逐层堆积材料来构建模型，常见的有 FDM、SLA、SLS 等。

减材制造：通过材料的加工或去除来形成模型，如数控加工等。

3. 按应用领域分类

工业领域：用于产品设计、样机制作、小批量生产等。

医疗领域：用于医疗器械、仿生器官、个性化医疗产品等的制造。

艺术领域：用于雕塑、模型制作等艺术创作。

教育领域：用于教学演示、学生实践等教育用途。

（二）特点

1. 快速性

快速成型技术能够在较短的时间内完成模型的制作，大幅缩短了产品设计和开发周期，提高了生产效率。

2. 定制化

快速成型技术能够根据设计需求制作个性化、定制化的产品，满足不同用户的特定需求，提高了产品的适用性和市场竞争力。

3. 灵活性

与传统制造工艺相比，快速成型技术具有更高的灵活性，可以根据设计要求快速调整和修改产品设计，减少了制造成本和风险。

4. 成本效益

虽然快速成型技术的设备和材料成本较高，但在产品设计和开发阶段，它能够显著降低成本和时间，提高了投资回报率。

5. 多样化材料

随着技术的发展，快速成型技术适用的材料越来越丰富，包括塑料、金属、陶瓷、复合材料等，满足了不同行业和应用领域的需求。

6. 可持续性

快速成型技术可以减少材料浪费，因为它是按需加工，不需要额外的切割或加工过程，有利于资源的有效利用和环境保护。

综上所述，快速成型技术以其快速、定制、灵活、成本效益等特点，已经成为现代制造业中不可或缺的重要技术之一，将在未来的发展中持续发挥重要作用。

三、快速成型技术的精度与效率

快速成型技术作为一种数字化制造技术，其精度与效率是评价其应用价值的重要指标。在不同的应用场景下，快速成型技术能够提供不同程度的精度和效率，取决于所选择的具体技术和材料。下面我们将从不同的角度探讨快速成型技术的精度与效率。

（一）精度

快速成型技术的精度受多种因素影响，包括设备精度、材料特性、工艺参数、支撑结构等。

1. 设备精度

快速成型设备的精度是影响成品精度的关键因素之一。通常情况下，设备的分辨率越高，能够实现的最小层厚度越小，从而影响了模型的表面光滑度和细节展现。

2. 材料特性

不同类型的材料具有不同的物理和化学特性，这些特性会影响到成品的精度。例如，光固化树脂在固化过程中可能产生收缩，从而影响模型的尺寸精度；而金属粉末在熔融沉积过程中可能存在热应力等问题，影响成品的形状精度。

3. 工艺参数

快速成型过程中的工艺参数设置对成品精度也有重要影响。例如，光固化技术中，光源的功率、固化时间等参数会影响到光固化树脂的固化程度和模型的表面质量。

4. 支撑结构

在一些快速成型技术中，为了支撑模型的悬空部分，需要添加支撑结构。这些支撑结构可能会对成品的表面质量和尺寸精度产生影响。

（二）效率

效率是衡量快速成型技术应用价值的重要指标之一，主要包括制造速度、成本效益和资源利用率、灵活性与定制化等方面。

1. 制造速度

快速成型技术相对于传统制造工艺来说，通常能够显著缩短产品的制造周期。例如，传统制造一款复杂零件可能需要数周甚至数月，而快速成型技术则可以在几小时内完成。

2. 成本效益

尽管快速成型技术的设备和材料成本较高，但在产品开发和设计阶段，由于可以快速制造出样品进行测试和验证，从而可以避免传统制造中的大量成本，提高了产品的开发效率和成本效益。

3. 资源利用率

快速成型技术是一种按需制造的方式，不像传统制造需要大量的原材料存储和加工，可以减少材料的浪费，提高了资源的利用效率。

4. 灵活性与定制化

快速成型技术的高效率还表现在其灵活性和定制化能力上。用户可以根据需求随时调整产品设计，并快速制造出新的样品，满足市场的快速变化需求。

（三）兼顾精度与效率的挑战

虽然快速成型技术在提高制造效率的同时也在不断提升成品精度，但在实际应用中仍然存在一些挑战。

1. 精度与速度的平衡

提高制造速度可能会牺牲一定的精度，而追求高精度又可能会增加制造时间和成本。因此，如何在精度和速度之间取得平衡是一个需要解决的问题。

2. 材料选择与工艺优化

不同的材料和工艺对精度和效率的影响不同，需要根据具体应用场景进行合理选择和优化。

3. 后处理工艺

快速成型技术制造出的产品通常需要进行后处理，如去除支撑结构、表面光洁处理等，这些工艺可能会增加制造时间和成本。

4. 设备和技术的不断创新

快速成型技术仍处于不断发展和完善的阶段，新的设备和技术的不断涌现将对精度和效率带来新的挑战和机遇。

综上所述，快速成型技术的精度与效率是相辅相成的，需要在实际应用中不断优化和平衡，以满足不同用户和行业的需求。随着技术的不断进步和应用范围的扩大，相信快速成型技术将在未来的数字化制造领域发挥更加重要的作用。

第三节　快速成型技术在产品设计与开发中的应用

一、快速成型技术在产品设计阶段的应用

快速成型技术在产品设计阶段的应用，是现代制造业中的重要组成部分。随着数

字化技术的迅速发展，快速成型技术为产品设计者提供了更快、更灵活、更具创新性的解决方案。下面我们将探讨快速成型技术在产品设计阶段的应用，包括其在概念验证、样品制作、设计优化等方面的作用。

（一）概念验证与快速原型制作

1. 快速概念验证

快速成型技术能够帮助设计师快速验证产品概念的可行性，将设计想法快速转化为实体模型，以便进行实物检验和测试。

通过快速制作出的原型，设计师可以直观地了解产品的外观、尺寸和比例，及时发现设计中的问题并进行调整。

2. 快速原型制作

在产品设计初期，设计师可以利用快速成型技术制作出多个版本的原型，用于评估不同设计方案的优劣。

快速原型制作可以帮助团队成员更好地理解产品设计意图，促进团队合作和沟通，加快设计决策的速度。

（二）设计优化与功能验证

1. 快速迭代设计

利用快速成型技术，设计师可以快速制作出多个版本的原型，在实际使用中不断进行迭代和优化，以逐步完善产品设计。

通过快速迭代设计，设计师可以快速响应用户反馈和市场变化，不断优化产品的功能和性能。

2. 功能验证

快速成型技术可以制作出具有复杂结构和内部空间的原型，用于验证产品的功能性能，如装配性、运动性能等。

设计师可以在快速制作的原型上进行实际测试，评估产品在不同工作条件下的表现，及时发现和解决问题。

（三）客户参与与定制化设计

1. 客户参与

在产品设计过程中，设计师可以利用快速成型技术制作出客户参与的样品，让客户直观地感受产品的外观和手感，提供反馈意见。

通过客户参与，设计师可以更好地理解客户需求，满足客户个性化定制的需求，提高产品的市场竞争力。

2. 定制化设计

快速成型技术可以根据客户的个性化需求快速定制产品，为客户提供定制化的解决方案。

设计师可以根据客户的要求快速修改设计方案，并利用快速成型技术制作出定制化的原型，以满足客户的特定需求。

综上所述，快速成型技术在产品设计阶段的应用涵盖了概念验证、快速原型制作、设计优化、功能验证、客户参与和定制化设计等多个方面。通过快速成型技术，设计师可以快速验证产品概念，进行快速原型制作，进行设计优化和功能验证，促进客户参与和定制化设计，从而提高产品设计效率和质量，缩短产品上市时间，降低产品开发成本，增强产品市场竞争力。随着快速成型技术的不断发展和完善，相信其在产品设计领域的应用将会越来越广泛，为产品设计师提供更多更好的服务和支持。

二、快速成型技术在产品开发阶段的应用

在产品开发阶段，快速成型技术发挥着重要的作用。它不仅能够加速产品从概念到实体的转化过程，还能够降低产品开发成本、优化设计方案、提高产品质量。下面我们将深入探讨快速成型技术在产品开发阶段的应用，包括其在概念验证、快速样品制作、工程验证、市场测试等方面的作用。

（一）快速概念验证与快速样品制作

1. 快速概念验证

在产品开发的早期阶段，设计团队通常会产生多个设计概念，快速成型技术能够帮助他们将这些概念快速转化为实体模型。

通过快速制作的样品，设计团队可以进行实物检验和测试，验证设计概念的可行性，及早发现和解决潜在问题。

2. 快速样品制作

在产品开发的中后期阶段，快速成型技术可以帮助设计团队快速制作出多个版本的样品，用于评估不同设计方案的优劣。

快速制作的样品可以用于展示给客户或投资者，获取反馈意见，促进决策的快速达成。

（二）工程验证与功能测试

1. 工程验证

在产品设计确定后，快速成型技术可以制作出符合工程要求的样品，用于进行工程验证。

工程验证阶段，样品需要经受各种物理、化学、力学等方面的测试，以确保产品能够正常工作并符合相关标准。

2. 功能测试

快速成型技术制作的样品可以用于进行各种功能测试，如装配性测试、运动性能测试、耐久性测试等。

通过功能测试，我们可以评估产品在不同工作条件下的表现，及时发现和解决问题，提高产品的可靠性和稳定性。

（三）市场测试与用户反馈

1. 市场测试

在产品开发的最后阶段，设计团队通常会制作出市场测试样品，用于在真实市场环境中进行测试和评估。

市场测试样品可以用于进行用户调查、市场调研等，收集市场反馈信息，评估产品的市场潜力和竞争优势。

2. 用户反馈

通过市场测试样品，设计团队可以获取用户的实际使用反馈，了解用户对产品的需求和偏好。

根据用户反馈，设计团队可以及时调整产品设计，进行产品优化，提高产品的市场适应性和竞争力。

快速成型技术在产品开发阶段的应用，涵盖了概念验证、样品制作、工程验证、市场测试等多个方面。通过快速成型技术，设计团队可以加速产品开发过程，降低产品开发成本，提高产品质量，增强产品的市场竞争力。随着快速成型技术的不断发展和完善，相信其在产品开发领域的应用将会越来越广泛，为产品设计师和制造商提供更多更好的服务和支持。

三、快速成型技术在产品优化与迭代中的应用

在产品开发的过程中，产品的优化和迭代是不可或缺的环节。快速成型技术作为一种高效、灵活的制造技术，在产品优化与迭代中发挥着重要作用。下面我们将深入探讨快速成型技术在产品优化与迭代中的应用，包括其在设计优化、功能改进、成本降低、周期缩短等方面的作用。

（一）设计优化与功能改进

1. 快速样品制作

利用快速成型技术，设计团队可以快速制作出多个版本的样品，用于评估不同设计方案的优劣。

快速制作的样品可以直观地展示设计的外观、尺寸、比例等方面，帮助设计师发现和解决问题。

2. 迭代设计

快速成型技术使得产品的迭代设计变得更加容易，设计团队可以快速调整设计方案，进行多次迭代优化。

通过不断迭代设计，产品的功能、性能和外观可以得到不断改进，提高产品的整体质量。

（二）成本降低与周期缩短

1. 快速原型制作

在产品优化过程中，快速成型技术可以帮助设计团队快速制作出原型，用于评估

新的设计方案。

相比传统制造方法,快速原型制作可以大幅缩短制造周期,降低制造成本。

2. 成本效益

快速成型技术在产品优化中的应用可以提高设计效率和生产效率,从而降低产品的开发成本。

虽然快速成型技术的设备和材料成本较高,但长远考虑,其成本效益是显著的。

(三) 客户反馈与用户体验

1. 市场测试

在产品迭代过程中,设计团队可以利用快速成型技术制作出市场测试样品,用于在真实市场环境中进行测试和评估。

市场测试样品可以帮助设计团队收集用户的反馈意见,了解用户对产品的需求和偏好。

2. 用户体验

根据市场测试样品的反馈意见,设计团队可以调整产品设计,改进产品的功能和性能,提高用户体验。

通过不断迭代优化,产品可以更好地满足用户的需求,提高用户满意度和忠诚度。

快速成型技术在产品优化与迭代中的应用,可以帮助设计团队快速制作出样品,进行设计优化、功能改进、成本降低、周期缩短等方面的工作。通过快速成型技术,设计团队可以加速产品的开发过程,降低产品的开发成本,提高产品的质量和市场竞争力。随着快速成型技术的不断发展和完善,相信其在产品优化与迭代领域的应用将会越来越广泛,为产品设计师和制造商提供更多更好的服务和支持。

第四节 快速成型技术与工业制造的融合

一、快速成型技术在工业生产中的应用场景

快速成型技术作为一种高效、灵活的数字化制造技术,在工业生产中发挥着越来越重要的作用。它可以加速产品开发周期、降低制造成本、提高产品质量,同时还能够实现个性化定制和小批量生产。下面我们将深入探讨快速成型技术在工业生产中的应用场景,包括其在汽车制造、航空航天、医疗器械、消费品制造等领域的作用。

(一) 汽车制造

1. 概念验证与设计优化

汽车制造商可以利用快速成型技术快速制作出汽车零部件的原型,用于概念验证和设计优化。

通过快速制作的汽车零部件原型，设计师可以及时发现和解决设计中的问题，提高产品的设计质量。

2. 定制化汽车零部件

快速成型技术使得汽车制造商可以根据客户的个性化需求定制汽车零部件。

客户可以根据自己的喜好和需求定制汽车的外观和功能，提高汽车的个性化程度，增强市场竞争力。

3. 小批量定制生产

快速成型技术还可以实现汽车零部件的小批量生产，满足特定市场需求。

汽车制造商可以根据市场需求快速调整生产线，灵活生产符合市场需求的汽车零部件，降低库存成本和风险。

（二）航空航天

1. 复杂结构零部件制造

在航空航天领域，许多零部件具有复杂的结构和精密的要求，传统制造方法往往难以满足需求。

快速成型技术可以通过逐层堆积材料的方式制造出复杂结构的零部件，满足航空航天领域的制造需求。

2. 快速原型制作

在航空航天项目的早期阶段，设计师可以利用快速成型技术制作出飞机零部件的原型，用于概念验证和设计优化。

快速制作的飞机零部件原型可以帮助设计师及时发现和解决设计中的问题，提高飞机的设计质量。

3. 降低研发成本

快速成型技术可以大幅缩短飞机零部件的制造周期，降低研发成本。

在航空航天项目中，时间往往是非常宝贵的，快速成型技术可以帮助航空航天制造商更快地将产品推向市场。

（三）医疗器械

1. 个性化医疗器械制造

医疗器械制造商可以利用快速成型技术制造出个性化医疗器械，如义肢、牙套、假体等。

通过个性化医疗器械制造，医疗机构可以更好地满足患者的特殊需求，提高治疗效果和患者生活质量。

2. 手术模拟和培训

医疗器械制造商可以利用快速成型技术制作出手术模拟器和培训模型，用于医生的手术培训和技能提升。

手术模拟器和培训模型可以帮助医生熟练掌握手术技术，提高手术成功率和患者安全性。

（四）消费品制造

1. 快速定制生产

在消费品制造领域，快速成型技术可以实现消费品的快速定制生产，如家具、鞋类、手机壳等。

消费者可以根据自己的喜好和需求定制消费品的外观和功能，提高产品的个性化程度，增加消费者的满意度。

2. 产品迭代与更新

利用快速成型技术，消费品制造商可以快速制作出新产品的原型，进行市场测试和用户反馈，从而进行产品迭代和更新。

通过不断迭代和更新，消费品制造商可以保持产品的竞争力，吸引更多消费者。

快速成型技术在工业生产中的应用场景非常丰富，涵盖了汽车制造、航空航天、医疗器械、消费品制造等多个领域。通过快速成型技术，制造商可以实现个性化定制、小批量生产，加速产品开发周期，降低制造成本。

二、快速成型技术与传统制造工艺的结合

快速成型技术和传统制造工艺在工业生产中各有其优势和局限性。然而，将这两种技术结合起来，可以充分发挥它们的优势，弥补彼此的不足，从而实现更高效、更灵活的生产方式。下面我们将探讨快速成型技术与传统制造工艺的结合，包括其在产品设计、制造流程优化等方面的应用。

（一）产品设计与开发阶段的结合

1. 快速原型制作

在产品设计阶段，快速成型技术可以用于快速制作产品原型，帮助设计师验证设计方案的可行性。

设计师可以利用快速成型技术快速制作出多个版本的原型，进行比较和评估，从而快速迭代设计。

2. 设计优化

利用快速成型技术制作的原型，可以进行更多的实验和测试，设计师从而可以发现并优化产品设计中的问题。

设计师可以根据快速成型技术制作的原型，快速调整设计方案，提高产品的设计质量。

3. 传统制造工艺的补充

在产品设计阶段，传统制造工艺往往需要制作模具等工艺准备，时间和成本较高。

快速成型技术可以快速制作出原型，为传统制造工艺提供参考和验证，减少制造前的风险和成本。

（二）制造流程优化与效率提升

1. 定制化生产

快速成型技术可以实现定制化生产，根据客户的需求快速制作出个性化的产品。

传统制造工艺往往需要较长的准备时间和高昂的成本，而快速成型技术可以快速响应客户需求，提高生产效率。

2. 快速制造工具与夹具

利用快速成型技术制造工具与夹具，可以帮助生产线快速转换生产任务，提高生产线的灵活性和效率。

传统制造工艺中，制造工具与夹具通常需要制作模具，耗时且成本较高，而快速成型技术可以大幅缩短制造周期。

3. 小批量生产

传统制造工艺往往适用于大规模生产，而快速成型技术则更适合小批量生产和个性化定制。

将快速成型技术与传统制造工艺结合起来，可以实现小批量生产的灵活转换，满足市场需求的多样化。

（三）产品修复与改进

1. 零部件修复

利用快速成型技术，可以快速制作出损坏零部件的替代件，实现零部件的快速修复和更换。

传统制造工艺中，零部件的修复通常需要重新制造，耗时且成本较高。

2. 产品改进

快速成型技术可以帮助制造商快速制作出产品改进的原型，用于测试和验证改进方案的效果。

通过快速制作的原型，制造商可以及时发现和解决产品中的问题，提高产品的质量和性能。

将快速成型技术与传统制造工艺结合起来，可以充分发挥它们各自的优势，实现生产过程的优化与提升。通过在产品设计、制造流程、定制化生产、产品修复与改进等方面的应用，快速成型技术与传统制造工艺的结合为企业带来了更高效、更灵活的生产方式，有助于满足市场的多样化需求，提高竞争力。随着技术的不断发展和创新，相信快速成型技术与传统制造工艺的结合将在工业生产中发挥越来越重要的作用。

三、快速成型技术在推动工业制造转型升级中的作用

工业制造转型升级是当前全球制造业发展的重要趋势之一，而快速成型技术则被

视为推动这一转型的关键技术之一。通过快速成型技术的应用，制造企业可以实现生产方式的转变，从传统的大规模生产转向个性化定制、小批量生产和快速响应市场需求。下面我们将探讨快速成型技术在推动工业制造转型升级中的作用，包括其在智能制造、柔性生产、节能减排等方面的应用。

（一）智能制造和工业4.0

1. 智能制造平台

快速成型技术与智能制造相结合，可以实现智能制造平台的构建，实现生产过程的数字化、网络化和智能化管理。

利用快速成型技术，制造企业可以实时监测生产过程中的各种数据，并通过智能算法进行分析和优化，提高生产效率和产品质量。

2. 个性化定制生产

快速成型技术为制造企业提供了个性化定制的生产方式，可以根据客户需求快速定制产品，实现批量生产的灵活转换。

通过智能制造平台，制造企业可以实时了解客户需求的变化，并快速调整生产线，满足市场需求的多样化。

（二）柔性生产和快速响应市场需求

1. 快速设计和生产

利用快速成型技术，制造企业可以快速设计和生产新产品，缩短产品的开发周期。

制造企业可以根据市场需求的变化，快速调整生产线，灵活生产符合市场需求的产品，提高市场竞争力。

2. 小批量定制生产

快速成型技术为制造企业提供了小批量定制生产的能力，可以根据客户需求快速制造出个性化的产品。

制造企业可以通过柔性生产方式，实现小批量生产的灵活转换，降低库存成本和风险。

（三）节能减排和资源循环利用

1. 减少材料浪费

快速成型技术采用逐层堆积材料的方式制造产品，可以最大限度地减少材料浪费。

制造企业可以根据实际需求制造产品，减少过剩库存和废料，降低生产成本和环境污染。

2. 节能减排

快速成型技术采用数字化生产方式，可以减少能源消耗和排放，降低制造过程对环境的影响。

制造企业可以通过节能减排，提高生产效率，降低生产成本，实现可持续发展。

快速成型技术在推动工业制造转型升级中发挥着重要作用，通过与智能制造、柔性生产、节能减排等技术的结合，可以实现工业生产方式的转变，提高生产效率、降低生产成本、增强市场竞争力，促进工业制造向高质量、高效率、低碳排放的方向发展。随着技术的不断创新和应用，相信快速成型技术将继续在工业制造领域发挥更大的作用，推动工业制造迈向数字化、智能化和可持续发展的新阶段。

第五节　快速成型技术的未来展望与趋势

一、快速成型技术的创新与发展趋势

快速成型技术作为一种颠覆性的制造技术，正在不断创新和发展。随着科技的进步和市场需求的不断变化，快速成型技术也在不断演化，呈现出新的应用场景和发展趋势。下面我们将深入探讨快速成型技术的创新与发展趋势，包括其在材料、工艺、应用领域等方面的变化和未来发展方向。

（一）材料创新与多样化应用

1. 新材料的涌现

随着材料科学的发展，越来越多具有特殊性能的新材料被应用于快速成型技术中，如高强度、高温抗性、耐腐蚀等特性的金属材料、复合材料等。

新材料的涌现为快速成型技术拓展了更广泛的应用领域，如航空航天、医疗器械、汽车制造等。

2. 生物可降解材料

生物可降解材料在快速成型技术中的应用也逐渐受到关注，这些材料可以在一定条件下被自然降解，对环境友好。

生物可降解材料的应用为医疗器械、食品包装等领域提供了新的解决方案。

（二）工艺创新与生产效率提升

1. 多工艺集成

快速成型技术的发展不仅仅停留在单一工艺上，而是越来越多地采用多工艺集成的方式。

通过将不同的快速成型技术与其他制造工艺相结合，如 CNC 加工、注塑成型等，可以完成更复杂、更精密的制造任务。

2. 智能化制造

随着人工智能、大数据、物联网等技术的发展，快速成型技术也在向智能化制造方向发展。

智能化制造可以实现生产过程的自动化、智能化管理和优化调度，提高生产效率和产品质量。

（三）应用领域拓展与个性化定制

1. 医疗器械领域

快速成型技术在医疗器械领域的应用日益广泛，包括人工关节、义肢、牙套等医疗器械的制造。

个性化定制是医疗器械领域的一个重要趋势，快速成型技术可以根据患者的个体特征快速制作出定制化的医疗器械。

2. 航空航天领域

快速成型技术在航空航天领域的应用也在不断拓展，包括航空发动机零部件、航天器结构件等的制造。

快速成型技术可以实现复杂结构零部件的制造，提高航空航天产品的性能和可靠性。

3. 消费品领域

在消费品领域，快速成型技术的应用也越来越广泛，如家具、鞋类、手机壳等产品的定制制造。

消费者对个性化定制的需求不断增加，快速成型技术为消费品制造商提供了实现个性化定制的有效途径。

快速成型技术作为一种颠覆性的制造技术，在材料创新、工艺创新、应用领域拓展等方面不断创新和发展。随着科技的不断进步和市场需求的不断变化，快速成型技术将继续发挥重要作用，为各行各业提供更高效、更灵活的制造解决方案。未来，随着快速成型技术的不断发展，相信其应用领域将会更加广泛，为工业制造带来更多创新和机遇。

二、快速成型技术在未来工业制造中的潜力

随着科技的不断进步和工业制造的转型升级，快速成型技术作为一种颠覆性的制造技术，正展现出巨大的潜力。其高效、灵活、个性化的特点将使其在未来工业制造中扮演越来越重要的角色。下面我们将深入探讨快速成型技术在未来工业制造中的潜力，包括其在智能制造、可持续发展、定制化生产等方面的应用前景。

（一）智能制造和工业4.0

1. 智能化生产

快速成型技术与智能制造相结合，可以实现生产过程的数字化、网络化和智能化

管理。

利用人工智能、大数据分析等技术，制造企业可以实时监测生产过程中的各种数据，并通过智能算法进行分析和优化，提高生产效率和产品质量。

2. 柔性制造系统

快速成型技术可以与柔性制造系统相结合，实现生产线的灵活调整和快速转换。

通过柔性制造系统，制造企业可以根据市场需求的变化，快速调整生产线，满足市场需求的多样化，提高市场竞争力。

（二）可持续发展与资源循环利用

1. 减少材料浪费

快速成型技术采用逐层堆积材料的方式制造产品，可以最大限度地减少材料浪费。

制造企业可以根据实际需求制造产品，减少过剩库存和废料，降低生产成本和环境污染。

2. 节能减排

快速成型技术采用数字化生产方式，可以减少能源消耗和排放，降低制造过程对环境的影响。

制造企业可以通过节能减排，提高生产效率，降低生产成本，实现可持续发展。

（三）定制化生产与个性化定制

1. 个性化定制

快速成型技术为制造企业提供了个性化定制的能力，可以根据客户需求快速制造出个性化的产品。

消费者对个性化定制的需求不断增加，快速成型技术为制造企业提供了实现个性化定制的有效途径。

2. 小批量生产

快速成型技术的应用使得小批量生产变得更加经济可行，降低了制造企业的库存压力和风险。

制造企业可以根据市场需求灵活调整生产计划，实现小批量生产的快速转换，提高生产效率和灵活性。

快速成型技术在未来工业制造中具有巨大的潜力，其高效、灵活、个性化的特点使其成为工业制造转型升级的关键技术之一。通过与智能制造、可持续发展、定制化生产等技术的结合，快速成型技术可以为制造企业提供更高效、更灵活、更具竞争力的生产解决方案。未来，随着技术的不断创新和应用，相信快速成型技术将在工业制造中发挥越来越重要的作用，为推动工业制造向数字化、智能化、可持续发展的方向迈进贡献更多力量。

三、快速成型技术对产品设计与开发的影响与推动

快速成型技术作为一种高效、灵活的数字化制造技术，在产品设计与开发过程中扮演着至关重要的角色。它不仅缩短了产品开发周期，降低了成本，还促进了创新和设计优化。下面我们将深入探讨快速成型技术对产品设计与开发的影响与推动，包括其在原型制作、概念验证、设计优化等方面的作用。

（一）快速原型制作与概念验证

1. 快速原型制作

快速成型技术可以在短时间内制作出高质量的产品原型，从而加速产品设计与开发的进程。

制造出的原型可以直接用于展示、测试和评估，为设计师和工程师提供直观的产品样品。

2. 概念验证

利用快速成型技术制作的原型可以帮助设计师验证产品设计的可行性和可用性。

通过快速制作的原型，设计师可以及时发现和解决设计中的问题，提高产品的设计质量。

（二）设计优化与成本控制

1. 快速迭代设计

快速成型技术使得设计团队能够快速制作多个版本的原型，进行比较和评估，从而快速迭代设计。

设计师可以根据快速制作的原型，快速调整设计方案，优化产品的设计和功能。

2. 降低开发成本

通过快速成型技术制作的原型，可以在早期发现设计中的问题，降低了产品开发过程中的成本。

避免了传统制造方式中需要制作模具等昂贵工具的成本，同时缩短了产品开发周期。

（三）创新与市场响应能力

1. 加速创新

快速成型技术为设计团队提供了更多的创新空间和机会，可以快速尝试新的设计理念和功能。

通过快速制作的原型，设计团队可以快速验证创新想法的可行性，促进产品创新。

2. 快速市场响应

利用快速成型技术，企业可以更快速地将新产品推向市场，满足不断变化的市场

需求。

　　快速制作的原型可以帮助企业更快地调整产品设计，根据市场反馈进行产品优化，提高市场响应能力。

　　快速成型技术对产品设计与开发的影响与推动不言而喻。通过提供快速原型制作、概念验证、设计优化等功能，快速成型技术大大加速了产品设计与开发的进程，降低了成本，促进了创新。未来随着技术的不断创新和应用，相信快速成型技术将继续发挥重要作用，推动产品设计与开发领域的进步和发展。

第九章　增材制造材料与性能探究

第一节　金属增材制造材料的选择与特性

金属增材制造作为一种快速成型技术，正在迅速发展并被广泛应用于航空航天、汽车、医疗等领域。在金属增材制造中，选择合适的材料至关重要，因为材料的选择直接影响制造件的性能、质量和成本。本节我们将首先介绍常用的金属增材制造材料种类及其性能特点，然后对金属材料的物理与化学性能进行分析，并探讨金属材料选择与工艺参数的匹配。

一、常用金属增材制造材料的种类与性能特点

在金属增材制造中，常用的材料种类包括不锈钢、钛合金、铝合金、镍基合金等。每种材料都有其独特的性能特点，适用于不同的应用场景。

（一）不锈钢

1. 性能特点

不锈钢具有优良的耐腐蚀性、高温性能和机械性能，适用于多种工业领域。具有良好的加工性和焊接性，易于加工成复杂的几何形状。

2. 常见种类

包括常见的 Austenitic 不锈钢（如 304、316）、Ferritic 不锈钢（如 430）、Martensitic 不锈钢（如 17-4PH）等。

（二）钛合金

1. 性能特点

钛合金具有优异的强度-重量比、高温耐受性和抗腐蚀性，适用于航空航天、医疗等领域。具有良好的生物相容性，在医疗植入物领域有广泛应用。

2. 常见种类

包括常见的 α 型（如 Ti-6Al-4V）、β 型（如 Ti-10V-2Fe-3Al）、α+β 型等。

（三）铝合金

1. 性能特点

铝合金具有优良的导热性、导电性和可塑性，广泛应用于汽车、航空航天等领域。重量轻，有助于降低产品的整体重量，提高能源效率。

2. 常见种类

包括常见的 2000 系列（如 2024、2014）、5000 系列（如 5052、5083）、7000 系列（如 7075）等。

（四）镍基合金

1. 性能特点

镍基合金具有优异的高温强度、耐腐蚀性和抗氧化性，广泛应用于航空发动机、燃气涡轮等高温环境下的零部件制造。具有良好的耐磨性和抗疲劳性能，在恶劣环境下具有良好的稳定性。

2. 常见种类

包括常见的 Inconel 系列（如 Inconel 625、718）、Hastelloy 系列（如 Hastelloy X、Hastelloy C276）等。

二、金属材料的物理与化学性能分析

金属材料的物理与化学性能对于其在增材制造中的应用至关重要。以下是我们对常见金属材料的物理与化学性能的分析：

（一）机械性能

1. 强度

包括抗拉强度、屈服强度等，直接影响材料的承载能力和使用寿命。

2. 韧性

反映材料抗断裂的能力，对于抵抗外界冲击和振动具有重要意义。

（二）耐腐蚀性能

1. 抗氧化性

材料在高温下的抗氧化性能，影响其在高温环境下的使用寿命。

2. 耐腐蚀性

材料在化学介质中的稳定性，影响其在腐蚀环境中的表现。

（三）热物性

1. 热传导性

反映材料导热的能力，对于热传导组件的设计至关重要。

2. 热膨胀系数

材料在温度变化下的尺寸变化情况，影响产品的尺寸稳定性。

（四）化学成分

1. 合金成分

不同成分的合金对材料的性能有重要影响，例如添加碳素可以提高材料的硬度。

2. 杂质含量

杂质对材料的纯度和性能有较大影响，应控制在合理范围内。

三、金属材料选择与工艺参数的匹配

金属材料的选择应综合考虑产品的使用环境、功能要求、制造成本等因素，并根据材料的物理与化学性能进行匹配。同时，金属材料的选择还应考虑到其在增材制造工艺中的可加工性和适应性。

（一）材料的使用环境和功能要求

1. 使用温度

根据产品在使用过程中的工作温度选择合适的金属材料，确保材料能够在所需的温度范围内保持稳定性能。

2. 力学性能

根据产品所承受的载荷类型和大小选择具有适当强度和韧性的材料，保证产品在使用过程中不会失效。

3. 耐腐蚀性

根据产品所处的环境选择具有良好耐腐蚀性能的材料，延长产品的使用寿命。

4. 导热性

对于需要良好导热性能的产品，选择具有高导热性能的金属材料，确保产品能够快速传导热量。

5. 热膨胀系数

根据产品在温度变化下的尺寸变化要求选择热膨胀系数适合的金属材料，避免因热膨胀引起的尺寸变形。

（二）制造成本和加工性能

1. 材料成本

考虑金属材料的采购成本和加工成本，选择成本合理的材料，以降低制造成本。

2. 加工难度

考虑金属材料的加工性能，选择易于加工的材料，以提高生产效率和降低生产成本。

3. 成型特性

根据产品的形状和结构要求选择适合的金属材料，确保能够满足产品的成型要求。

（三）工艺参数的匹配

1. 激光功率

根据所选材料的熔化温度和热传导性，确定合适的激光功率，以保证材料能够充分熔化并获得良好的成型质量。

2. 扫描速度

根据材料的熔化和凝固特性，确定合适的扫描速度，以控制熔池形成和凝固过程，避免出现裂纹和气孔等缺陷。

3. 层厚

根据产品的尺寸和要求确定合适的层厚，以保证成型精度和表面质量。

综上所述，金属材料的选择与工艺参数的匹配对于金属增材制造过程至关重要。只有在材料与工艺的合理匹配下，我们才能够制造出具有优良性能和高质量的金属增材制造产品。因此，在进行金属增材制造前，我们需要对材料的性能进行全面分析，并根据产品的使用要求和制造过程的特点来进行选择与匹配。

第二节　塑料增材制造材料的选择与特性

塑料增材制造是一种快速成型技术，通过逐层堆积塑料材料来制造三维实物。在塑料增材制造中，选择合适的材料对于产品的质量、性能和成本至关重要。本节我们将探讨塑料增材制造材料的分类与性能对比、塑料材料的成型性能与后处理要求，以及塑料增材制造材料的发展趋势与应用前景。

一、塑料增材制造材料的分类与性能对比

塑料增材制造材料主要分为热塑性塑料和热固性塑料两大类。不同种类的塑料材料具有各自特定的性能和应用领域。

（一）热塑性塑料

1. 性能特点

具有良好的可加工性，可以通过加热后软化、塑性成型，再通过冷却固化成型。
具有良好的可回收性和再加工性，可多次加工利用，对环境友好。

2. 常见种类

聚乙烯（PE）、聚丙烯（PP）、聚苯乙烯（PS）、聚碳酸酯（PC）、聚酯类（PET、

PBT）、聚酰胺类（PA6、PA66）、聚醚醚酮（PEEK）等。

（二）热固性塑料

1. 性能特点

具有优异的耐热性、机械性能和耐化学腐蚀性，适用于高温环境下的应用。固化后形成三维网络结构，耐热性和耐腐蚀性更强，但加工难度较大。

2. 常见种类

环氧树脂、酚醛树脂、环氧丙烷树脂、聚氨酯树脂等。

（三）性能对比

1. 加工性能

热塑性塑料具有良好的加工性能，易于成型和加工，适用于复杂形状的产品制造；热固性塑料加工难度较大，需要高温固化。

2. 耐热性

热塑性塑料在高温环境下易软化变形，而热固性塑料具有较好的耐热性和稳定性。

3. 机械性能

热固性塑料的机械性能通常优于热塑性塑料，尤其在高温和恶劣环境下表现更稳定。

二、塑料材料的成型性能与后处理要求

塑料增材制造过程中，材料的成型性能直接影响着成型质量和产品性能，同时也会影响到后续的后处理工艺。

（一）成型性能

1. 熔融温度

不同的塑料材料具有不同的熔融温度，需要根据具体材料选择合适的成型温度，保证材料能够充分熔化。

2. 黏度

材料的黏度直接影响着熔融后的流动性，过高的黏度会导致成型困难，过低的黏度会影响成型精度。

3. 热收缩率

材料在冷却过程中的热收缩率会影响到成型尺寸的稳定性，需要考虑在设计时进行补偿。

（二）后处理要求

1. 支撑结构去除

部分塑料增材制造过程中需要使用支撑结构来支撑悬空部分，后处理时需要将支

撑结构去除。

2. 表面处理

塑料增材制造的产品表面可能存在粗糙度、层间结合线等问题，需要进行表面处理，如研磨、打磨等。

3. 热处理

对于某些热固性塑料，可能需要进行热处理来提高其机械性能和稳定性。

三、塑料增材制造材料的发展趋势与应用前景

随着塑料增材制造技术的不断发展，塑料材料的种类和性能也在不断提升，未来的发展趋势和应用前景如下：

（一）材料多样化

1. 新材料涌现

随着材料科学的发展，新型塑料材料不断涌现，如高性能、高耐热性、高耐化学腐蚀性的特种塑料材料。

2. 复合材料与功能性材料

未来塑料增材制造材料将向功能性、多功能性方向发展，例如具有导电、导热、光学等特性的复合材料，以满足不同行业对于特殊功能的需求。

（二）性能优化

1. 机械性能提升

针对现有塑料材料的机械性能进行优化，提高其强度、硬度、耐磨性等方面的性能。

2. 耐高温性能

针对高温环境下的需求，优化塑料材料的配方，提高其耐高温性能，拓展应用领域。

（三）可持续发展

1. 生物可降解材料

随着人们环境保护意识的提高，生物可降解塑料材料将成为发展趋势，降低对环境的污染。

2. 循环利用

推动塑料材料的循环利用，通过回收再利用降低资源浪费，实现可持续发展。

（四）智能制造

1. 智能化材料

结合智能制造技术，研发智能塑料材料，实现产品功能智能化、感知化，满足智

能制造的需求。

2. 定制化材料

随着消费需求的个性化和定制化，定制化塑料材料将成为发展方向，满足不同用户的个性化需求。

（五）应用前景

1. 航空航天领域

塑料增材制造技术在航空航天领域的应用前景广阔，如航空零部件制造、航天器构件制造等。

2. 医疗领域

塑料增材制造技术在医疗器械、假体、生物医学模型等领域有广泛应用，如个性化医疗器械的定制制造。

3. 汽车领域

在汽车制造领域，塑料增材制造技术可用于汽车零部件制造、车身构件制造等，促进汽车轻量化和性能优化。

4. 消费品领域

在消费品领域，塑料增材制造技术可用于个性化定制产品制造，如3D打印的定制化鞋垫、眼镜架等。

综上所述，塑料增材制造材料的发展趋势将朝着多样化、性能优化、可持续发展和智能制造等方向发展。随着技术的进步和应用场景的不断拓展，塑料增材制造材料将在各个领域发挥越来越重要的作用，为工业制造带来更多的创新和发展机遇。

第三节 陶瓷增材制造材料的选择与特性

陶瓷增材制造作为一种新兴的快速成型技术，具有能够制造复杂结构、耐高温耐腐蚀、高强度等优势，在航空航天、医疗、能源等领域有着广泛的应用前景。选择合适的陶瓷材料对于实现陶瓷增材制造的成功至关重要。本节我们将探讨陶瓷增材制造材料的种类与制备工艺、陶瓷材料的结构与性能特点，以及陶瓷增材制造材料在航空航天等领域的应用。

一、陶瓷增材制造材料的种类与制备工艺

（一）陶瓷材料的种类

1. 氧化物陶瓷

如氧化铝（Al_2O_3）、氧化锆（ZrO_2）、二氧化硅（SiO_2）等，具有优异的耐热性和

耐腐蚀性。

2. 碳化物陶瓷

如碳化硅（SiC）、碳化硼（B_4C）等，具有高硬度、高耐热性和抗氧化性。

3. 氮化物陶瓷

如氮化硅（Si_3N_4）、氮化铝（AlN）等，具有优异的机械性能和耐高温性。

4. 其他陶瓷材料

如钙钛矿陶瓷、钛酸钡陶瓷等，在特定领域具有独特的性能优势。

（二）陶瓷材料的制备工艺

1. 粉末制备

陶瓷材料通常以粉末形式存在，可通过化学合成、机械研磨等方法制备。

2. 成型工艺

常见的成型工艺包括注射成型、压铸成型、3D 打印等，根据产品的形状和尺寸选择合适的成型工艺。

3. 烧结工艺

陶瓷材料需要进行高温烧结以实现致密化和强度提升，常见的烧结工艺包括氧化烧结、热等静压烧结等。

二、陶瓷材料的结构与性能特点

（一）结构特点

1. 晶体结构

陶瓷材料的晶体结构多为离子晶体或共价晶体结构，具有高硬度和良好的耐热性。

2. 微观结构

陶瓷材料具有致密的微观结构，常常具有细小的晶粒尺寸和低的晶界能量。

（二）性能特点

1. 耐热性

陶瓷材料具有优异的耐高温性能，可在高温环境下稳定工作。

2. 硬度

陶瓷材料硬度高，常常比金属材料和塑料材料更高，具有良好的耐磨性。

3. 耐腐蚀性

陶瓷材料具有优异的耐腐蚀性能，可耐酸碱腐蚀和氧化腐蚀。

4. 绝缘性

陶瓷材料通常具有优异的绝缘性能，可在高压、高频等特殊环境下应用。

三、陶瓷增材制造材料在航空航天等领域的应用

（一）航空航天领域

1. 发动机部件
陶瓷材料具有优异的耐高温性能和耐腐蚀性能，可用于制造发动机涡轮叶片、燃烧室等部件。

2. 导向系统
陶瓷材料的高硬度和耐磨性可用于制造导向系统的轴承、滑块等部件，提高系统的耐磨性和使用寿命。

3. 结构件
陶瓷材料的轻量化特性可用于制造航空航天结构件，减轻重量、提高燃料效率。

（二）医疗领域

生物医学器械
陶瓷材料具有良好的生物相容性和耐腐蚀性，可用于制造人工关节、牙科种植体、人工心脏瓣膜等医疗器械，满足医疗领域对于高性能、生物相容性的需求。

（三）能源领域

1. 热障涂层
陶瓷材料具有优异的耐高温性和耐磨性，在燃气轮机等能源设备中可用于制造热障涂层，提高设备的使用寿命和性能。

2. 电池材料
部分陶瓷材料具有良好的离子导电性和稳定性，可用于制造锂电池、固态电池等高性能电池材料，提高电池的能量密度和循环寿命。

（四）科研领域

1. 功能性陶瓷
陶瓷材料具有丰富的化学成分和晶体结构，可用于制备功能性陶瓷材料，如压电陶瓷、磁性陶瓷等，在传感器、声波器件等领域有着广泛的应用。

2. 仿生材料
借鉴自然界的结构和性能，陶瓷材料可以制备仿生材料，如仿生陶瓷骨修复材料、仿生陶瓷毛细管等，用于生物医学研究和应用。

综上所述，陶瓷增材制造材料在航空航天、医疗、能源等领域具有广泛的应用前景。随着陶瓷材料制备工艺的不断提升和陶瓷增材制造技术的发展，陶瓷材料将能够更好地满足各个领域对于高性能、高温耐腐蚀、轻量化等方面的需求，为各行各业的

发展带来新的机遇和挑战。

第四节 复合材料在增材制造中的应用

复合材料是由两种或两种以上的材料组合而成的材料，具有多种优异的性能，如高强度、高刚度、低密度等，因此在增材制造领域有着广泛的应用。本节我们将探讨复合材料的组成与性能优势，复合材料增材制造的工艺方法，以及复合材料增材制造的应用案例与发展趋势。

一、复合材料的组成与性能优势

（一）复合材料的组成

1. 基体材料

通常是一种聚合物基体，如环氧树脂、聚酰胺树脂等。

2. 增强材料

通常是纤维状或片状的材料，如碳纤维、玻璃纤维、芳纶纤维等。

3. 填充材料

用于改善复合材料的特性，如增加硬度、耐磨性等，常见的填充材料有炭黑、硅石等。

（二）复合材料的性能优势

1. 高强度和高刚度

增强材料赋予复合材料优异的强度和刚度，具有比传统材料更高的强度和刚度。

2. 低密度

由于基体材料的低密度和增强材料的高比强度，复合材料具有较低的密度，适用于要求轻量化的应用场景。

3. 优异的耐热性和耐腐蚀性

不同类型的增强材料赋予复合材料不同的耐热性和耐腐蚀性，可适应于不同的工作环境。

4. 设计自由度高

复合材料可以通过不同的增强材料和基体材料组合，实现各种复杂结构的设计，满足不同的工程需求。

（三）应用范围

复合材料广泛应用于航空航天、汽车制造、船舶制造、建筑工程、体育器材等领域，是一种性能优越的工程材料。

二、复合材料增材制造的工艺方法

（一）传统增材制造方法

1. 纤维预浸料增材制造
使用预先浸渍树脂的纤维片层堆积，然后在高温高压条件下固化。

2. 注塑成型
将预先制备的复合材料颗粒与树脂混合后注入模具，经加热固化成型。

（二）3D 打印技术

1. 熔融沉积成型
将复合材料的熔融丝料通过喷嘴挤出，按照预定路径逐层堆积成型。

2. 光固化成型
利用紫外光照射光敏树脂，通过逐层固化方式制备复合材料零件。

3. 粉末热熔成型
利用高能激光束熔融粉末材料，逐层堆积制备复合材料零件。

（三）增材制造与传统制造的结合

通过结合传统的纤维预浸料增材制造方法和 3D 打印技术，可以实现更多样化、复杂化的复合材料制造，提高制造效率和产品质量。

三、复合材料增材制造的应用案例与发展趋势

（一）应用案例

1. 航空航天领域
利用复合材料增材制造技术制备航空航天结构件，如飞机机翼、航天器外壳等，减轻重量、提高性能。

2. 汽车制造领域
应用复合材料增材制造技术制备汽车车身、底盘等部件，提高车辆的强度和耐磨性，降低燃油消耗。

3. 医疗领域
利用复合材料增材制造技术制备医疗器械和假体，如人工关节、义齿等，具有良好的生物相容性和耐腐蚀性。

（二）发展趋势

1. 材料多样化

不断开发新型复合材料，满足不同领域对于特定性能的需求。

2. 工艺技术进步

改进增材制造技术，提高制造效率和成品质量。

3. 应用领域拓展

将复合材料增材制造技术应用于更多领域，如航空航天、医疗、能源、体育器材等，拓展其应用领域。

4. 智能化制造

利用人工智能、大数据等技术实现复合材料增材制造的智能化、自动化生产，提高生产效率和产品质量。

5. 定制化生产

结合3D打印等增材制造技术，实现复合材料产品的定制化生产，满足个性化需求，提高客户满意度。

6. 可持续发展

开发可再生资源替代传统增材制造中使用的不可再生资源，推动复合材料增材制造的可持续发展，降低环境影响。

综上所述，复合材料在增材制造中具有巨大的应用潜力和发展前景。随着材料科学和制造技术的不断进步，复合材料增材制造将为各个行业带来更多创新和发展机遇，推动工业制造向智能化、定制化、可持续发展的方向迈进。

第五节 新型增材制造材料的研究与展望

一、生物相容性材料在增材制造中的研究进展

生物相容性材料是指能够与生物体组织相融合、不产生明显的异物反应、不引起排斥反应，并且对生物体具有良好的生物相容性的材料。在增材制造领域，生物相容性材料的研究和应用日益受到关注，因为它们可以用于医疗器械、假体、组织工程等领域，对人体健康和生命起着重要作用。本节我们将对生物相容性材料在增材制造中的研究进展进行探讨。

（一）生物相容性材料的定义和特点

生物相容性材料是指那些能够与生物体组织相融合，并且不会引起明显的异物反

应或排斥反应的材料。这些材料通常具有以下特点：

1. 生物相容性

材料表面与生物体接触时不会引起免疫排斥反应或炎症反应。

2. 生物相互作用

材料能够与周围组织相互作用，促进细胞黏附、增殖和分化。

3. 机械性能

材料具有足够的强度和韧性，以适应不同的生物组织和应用环境。

4. 持久稳定性

材料具有良好的耐久性和稳定性，在体内具有较长的使用寿命。

常见的生物相容性材料包括生物陶瓷、生物金属、生物高分子等，它们在医疗领域的应用日益广泛，如人工关节、骨修复材料、心脏瓣膜等。

（二）生物相容性材料的研究与应用

1. 生物相容性材料的研究进展

随着生物医学工程和材料科学的发展，越来越多的生物相容性材料被开发和应用于增材制造领域。主要的研究方向包括：

（1）材料表面改性

通过表面处理或涂层技术改善材料的生物相容性，如增加生物活性基团、调控表面粗糙度等。

（2）仿生材料设计

借鉴生物体组织的结构和功能设计新型生物相容性材料，如仿生骨组织材料、仿生血管材料等。

（3）纳米材料应用

利用纳米技术制备具有优异生物相容性的纳米材料，如纳米纤维、纳米颗粒等。

（4）生物打印技术

将生物相容性材料与生物打印技术结合，实现组织工程和个性化医疗器械的制造。

2. 生物相容性材料的应用领域

生物相容性材料在医疗领域有着广泛的应用，主要包括：

（1）医疗器械：如人工关节、心脏瓣膜、骨修复材料等，生物相容性材料的应用可以有效减少手术并发症和排斥反应。

（2）假体植入：生物相容性材料可以用于制造各种类型的假体，如人工心脏、人工耳蜗、人工角膜等，替代受损的组织和器官。

（3）组织工程：通过将细胞和生物相容性支架结合，实现组织工程的制备，如皮肤、骨骼、软骨等的再生。

（4）药物输送：生物相容性材料可以作为药物载体，通过控制释放速率和位置，实现对药物的精准输送。

（三）生物相容性材料的发展趋势

1. 多功能化材料

未来生物相容性材料将朝着多功能化方向发展，不仅具有良好的生物相容性，还具备其他功能，如生物活性、抗菌性、缓释性等，以满足不同的医疗需求。

2. 个性化定制

随着医疗技术的进步，个性化医疗将成为发展趋势，生物相容性材料的制备将更加注重对个体差异的考虑，实现医疗器械和假体的个性化定制。

3. 纳米材料应用

纳米技术将成为生物相容性材料研究的重要手段，纳米材料具有特殊的生物学和物理学性质，可以用于改善材料的生物相容性和功能。

4. 生物打印技术的发展

随着生物打印技术的不断成熟，生物相容性材料的应用将进一步扩展。生物打印技术可以将生物相容性材料按照设计的三维结构逐层打印，从而出现高度个性化的医疗器械和组织工程产品。这种定制化的生产方式能够更好地适应患者个体差异，提高医疗治疗的效果和安全性。

5. 仿生材料的研究

仿生材料的研究是生物相容性材料领域的一个重要方向。通过模仿生物体组织的结构和功能，设计出具有类似性能的材料，我们可以更好地适应人体组织，提高生物相容性和治疗效果。例如，仿生骨组织材料可以模拟天然骨组织的微观结构和力学性能，用于骨修复和再生；仿生血管材料可以模拟血管的微观结构和流体动力学特性，用于心血管疾病的治疗。

6. 生物安全性的评估

随着生物相容性材料的广泛应用，人们对其生物安全性的评估变得越来越重要。未来，我们需要开展更加全面、深入的生物安全性评估研究，包括材料的生物降解性、代谢产物的毒性、长期植入的影响等，以确保生物相容性材料的安全性和可靠性。

7. 跨学科合作

生物相容性材料的研究涉及生物医学工程、材料科学、生物学等多个学科领域，未来需要加强跨学科合作，整合各方资源和优势，共同推动生物相容性材料的研究和应用。例如，工程师、生物学家、临床医生等可以共同开展研究项目，从不同角度深入探讨生物相容性材料的设计、制备和应用。

生物相容性材料在增材制造领域的研究进展为医疗健康领域带来了巨大的机遇和挑战。未来，随着技术的不断创新和进步，生物相容性材料的研究和应用将得到进一步扩展，为人类健康和生命的改善做出更大的贡献。同时，我们也应不断加强对生物相容性材料的研究和监管，确保其安全性和可靠性，促进生物医学领域的可持续发展。

二、高性能轻质材料在航空航天领域的应用探索

航空航天领域对材料的要求极为严格，需要材料具有优异的性能，同时又要求尽可能减轻结构重量，以提高飞行器的性能和效率。在这一背景下，高性能轻质材料应运而生，并在航空航天领域得到广泛应用。下面我们将探索高性能轻质材料在航空航天领域的应用，从材料的种类、特点、应用案例、发展趋势等方面进行探讨。

（一）高性能轻质材料的种类与特点

1. 轻质金属材料

轻质金属材料是指密度较低、具有良好机械性能的金属材料，如铝合金、镁合金、钛合金等。这些材料具有优异的强度、刚性和耐腐蚀性能，同时具备较低的密度，适合用于航空航天结构件的制造。例如，铝合金常用于飞机机身、发动机外壳等部件的制造，而钛合金则常用于制造发动机叶片、航天器结构件等。

2. 高性能复合材料

高性能复合材料由不同种类的材料组合而成，通常包括纤维增强材料和基体材料。纤维增强材料可以是碳纤维、玻璃纤维、芳纶纤维等，而基体材料通常是树脂基体，如环氧树脂、聚酰胺树脂等。这些材料具有极高的比强度和比刚度，同时具备较低的密度，是航空航天领域的理想选择。例如，碳纤维复合材料常用于制造飞机机翼、航天器壳体等结构件，以提高飞行器的性能和效率。

3. 高性能陶瓷材料

高性能陶瓷材料具有优异的耐高温性、耐磨性和耐腐蚀性，适合用于航空航天领域的高温部件和特殊环境下的结构件。例如，氧化铝陶瓷常用于制造发动机喷嘴、导向器等部件，以提高发动机的性能和耐久性。

4. 先进高分子材料

先进高分子材料具有优异的力学性能、耐热性和耐腐蚀性，是航空航天领域的重要材料之一。例如，聚醚醚酮（PEEK）材料具有优异的高温性能和机械性能，在航空航天领域被广泛应用于制造高温部件、密封件等。

（二）高性能轻质材料在航空航天领域的应用案例

1. 高强度铝合金

NASA 的 "X－Plane" 项目中使用了高强度铝合金制造飞机机身和机翼，以提高飞行器的结构强度和耐久性。这种铝合金具有较低的密度和优异的机械性能，能够有效减轻飞行器的重量，提高飞行性能。

2. 碳纤维复合材料

波音公司的 787 Dreamliner 客机采用了大量碳纤维复合材料制造机身和机翼，使飞机的结构重量大大降低，同时具有更好的燃油效率和飞行性能。碳纤维复合材料的使

用大大提高了飞机的经济性和环保性。

3. 氧化铝陶瓷

航空发动机制造商通常采用氧化铝陶瓷制造发动机的高温部件，如喷嘴、涡轮叶片等。这些陶瓷材料具有优异的耐高温性和耐磨性，能够在高温高压环境下保持稳定的性能，提高发动机的效率和寿命。

4. PEEK 高分子材料

欧洲航天局的 Ariane 5 火箭使用了大量的 PEEK 高分子材料制造火箭的结构件和密封件，以提高火箭的可靠性和耐高温性。PEEK 材料具有出色的机械性能和化学稳定性，在极端环境下具有良好的表现。

（三）高性能轻质材料的发展趋势

1. 材料性能的进一步提高

未来，高性能轻质材料将继续致力于提高材料的性能，包括强度、刚度、耐高温性、耐腐蚀性等方面的提升。通过材料结构设计、合金配方优化、复合材料工艺改进等手段，我们将进一步提高材料的性能水平，满足航空航天领域对材料性能的更高要求。

2. 新材料的研发和应用

随着科学技术的不断进步，新型高性能轻质材料将不断涌现。例如，碳纳米管材料、石墨烯材料等具有独特的物理和化学性质，被认为具有巨大的潜力用于航空航天领域。未来，新材料的研发和应用将成为该领域的重要方向之一。

3. 复合材料的多功能化应用

随着技术的发展，复合材料将不仅仅用于提高结构强度和减轻重量，还将具备更多的功能。例如，具有传感器功能的智能复合材料、自修复功能的复合材料等将成为未来的研究热点，为航空航天领域带来更多的创新和发展机遇。

4. 轻量化设计的深入推进

轻量化设计是航空航天领域的一个重要趋势，将成为未来航空航天器设计的主流方向。通过优化设计、结构减重等手段，实现航空航天器的轻量化，我们不仅可以提高飞行器的性能和效率，还可以降低燃料消耗、减少排放，符合环保和可持续发展的要求。

5. 绿色环保材料的发展和应用

随着社会环境保护意识的增强，绿色环保材料在航空航天领域的应用将得到更多关注。例如，可生物降解材料、可循环利用材料等将成为未来航空航天材料研究的重要方向，以实现航空航天领域的可持续发展。

6. 新工艺技术的应用

随着制造技术的不断进步，新工艺技术将为高性能轻质材料的应用提供更多可能性。例如，增材制造技术、纳米制造技术等将为航空航天材料的设计和制造带来革命性的变革，为航空航天领域的发展注入新的活力。

高性能轻质材料在航空航天领域的应用探索是一个不断创新和发展的过程。随着科技的进步和人类对探索宇宙的渴望，人们对材料性能的要求将会不断提升。未来，我们可以期待高性能轻质材料在航空航天领域的广泛应用，为人类探索宇宙、保护地球提供更加可靠、高效、环保的解决方案。

三、智能材料在增材制造中的创新应用与发展方向

智能材料是指具有感知、响应和适应能力的材料，能够根据外部环境或作用力的变化自动调整自身结构、性能或功能。随着科学技术的发展，智能材料在各个领域的应用日益广泛，而在增材制造领域，智能材料的创新应用也呈现出许多新的发展方向。下面我们将探讨智能材料在增材制造中的创新应用与未来发展方向。

（一）智能材料的分类与特点

1. 分类

根据其响应机制和性能表现，智能材料可分为以下几类：

形状记忆材料：具有记忆变形的能力，可以根据外界刺激恢复到其预定的形状。

自修复材料：具有自动修复损伤的能力，能够在受损后自主修复并恢复原有性能。

光敏材料：对光信号敏感，能够在光刺激下产生形变、颜色变化等响应。

磁致伸缩材料：在磁场作用下产生形变，具有优异的磁致伸缩性能。

智能陶瓷材料：具有压电、形状记忆等智能功能的陶瓷材料。

2. 特点

智能材料具有以下特点：

响应灵敏：能够快速、精准地响应外部环境的变化。

自适应性：能够根据外部刺激自主调整自身结构或性能。

多功能性：不同类型的智能材料具有不同的功能，可以应用于多种场景。

可控性：通过调节外部条件或刺激，可以控制智能材料的响应行为。

高效性：智能材料的响应过程通常能够高效地完成目标任务，节省能源和资源。

（二）智能材料在增材制造中的创新应用

1. 形状记忆材料的应用

形状记忆材料在增材制造中具有广阔的应用前景。通过结合 3D 打印技术，我们可以将形状记忆材料制造成具有复杂形状的智能结构件，例如可以制造具有自变形能力的机械零件、自展式结构件等。这些结构件可以在外界刺激下实现形变或运动，为增材制造领域带来更多的设计灵活性和功能创新。

2. 自修复材料的应用

自修复材料在增材制造中可以应用于制造具有自修复功能的零部件。例如，我们

可以将自修复材料应用于航空航天器的表面涂层，当表面受到损伤或磨损时，自修复材料能够自动修复并恢复表面的完整性和性能，延长零部件的使用寿命。

3. 光敏材料的应用

光敏材料可以通过光刺激产生形变、颜色变化等响应，因此在增材制造中具有广泛的应用潜力。例如，我们可以利用光敏材料制造具有光驱动功能的微型机械器件，实现光控制的微动力传输和微结构变化，为微纳制造领域带来更多的可能性。

4. 磁致伸缩材料的应用

磁致伸缩材料具有优异的磁致伸缩性能，在增材制造中可以应用于制造具有磁致伸缩功能的结构件。例如，我们可以利用磁致伸缩材料制造可调节形状和尺寸的智能结构件，通过外部磁场调控结构件的形变和运动，实现结构件的形状调节和功能变化。

5. 智能陶瓷材料的应用

智能陶瓷材料具有压电、形状记忆等智能功能，在增材制造中可以应用于制造具有智能感知和控制功能的器件和传感器。例如，我们可以利用智能陶瓷材料制造压电驱动器件、形状记忆传感器等，实现对外界环境的感知和响应，为增材制造领域的自动化和智能化提供支持。

（三）智能材料在增材制造中的未来发展方向

1. 多功能智能材料的研究与开发

未来智能材料的研究将更加注重多功能性的实现，即一种材料具有多种智能功能，例如形状记忆材料兼具自修复功能，或者光敏材料同时具有磁致伸缩性能。这样的多功能智能材料将具有更广阔的应用前景，在增材制造领域可以实现更复杂的功能需求。

2. 智能材料与增材制造技术的深度融合

未来，智能材料与增材制造技术将更加紧密地融合在一起，形成智能增材制造系统。通过结合智能材料的特性和增材制造技术的优势，我们可以实现对材料微观结构、性能和形态的精细控制，实现更高水平的定制化制造和功能化设计。

3. 智能材料的可持续发展

随着社会对环境保护和可持续发展的重视，未来智能材料的研究和开发将更加注重其环境友好性和可持续性。例如，开发可生物降解的智能材料，降低材料的制备成本和能源消耗，减少对环境的污染，推动智能材料的可持续发展。

4. 智能材料在智能制造中的应用拓展

除了增材制造领域，智能材料还可以在智能制造领域的其他方面得到应用拓展。例如，在自动化生产线上，利用具有形状记忆功能的智能材料制造自动调节的夹具和工装，可以实现生产过程的自适应调整和优化，提高生产效率和产品质量。

5. 智能材料的安全性和可靠性研究

智能材料的安全性和可靠性是智能制造的重要保障。未来我们需要加强对智能材料的安全性评估和可靠性测试，确保其在不同环境和应用条件下的稳定性和可靠性，为智能制造的发展提供技术支持和保障。

6. 智能材料的产业化应用推进

随着智能材料技术的成熟和市场需求的增长，智能材料的产业化应用将得到进一步推进。未来我们需要加强智能材料产业链的建设和完善，促进智能材料技术与产业的深度融合，推动智能制造产业的发展和壮大。

智能材料在增材制造中的创新应用与发展方向是一个充满活力和潜力的领域。未来，随着智能材料技术的不断进步和应用范围的不断拓展，智能增材制造将为各个领域带来更多的创新和变革，为人类的生产生活带来更多的便利和惊喜。同时，我们也需要不断加强对智能材料的研究和应用，促进智能材料技术的发展和成熟，为智能制造的实现和智能社会的建设做出更大的贡献。

参考文献

[1] 李辰. 数字化 3D 打印建筑模板的有限元分析及应用 [J]. 山西建筑, 2020, 46 (10): 114 - 116.

[2] 李方娟, 赵玉佳, 赵君嫦, 等. 医用 3D 打印批次智能排样研究 [J]. 中国设备工程, 2020 (9): 28 - 29.

[3] 龙洲. "工艺形气神论" 在工艺品与设计产品对比研究中的运用: 以传统陶瓷工艺品和陶瓷 3D 打印产品为例. 陶瓷学报, 2020, 41 (2): 282 - 286.

[4] 赖尚导, 陈伟元, 黄乔东, 等. 3D 打印定位穿刺角度引导器联合 DSA 在三叉神经半月节射频热凝术中的应用 [J]. 中国医学创新, 2020, 17 (13): 61 - 64.

[5] 陈冬冬, 郝阳泉, 张高魁, 等. 3D 打印导航模板辅助髓芯减压植骨治疗 ARCO II 期非创伤性股骨头坏死 [J]. 中国组织工程研究, 2020, 24 (27): 4322 - 4327.

[6] 冯传顺, 刘云飞, 张泽键, 等. 3D 打印技术在马蹄肾患者行经皮肾镜取石术的应用研究 [J]. 临床泌尿外科杂志, 2020, 35 (5): 349 - 353.

[7] 刘晓银, 钟琳, 郑博, 等. 弥散张量成像预测 3D 打印支架促进脊髓损伤后运动功能恢复 [J]. 中国组织工程研究, 2020, 24 (28): 4547 - 4554.

[8] 仪登豪, 冯英豪, 张锦芳, 等. 3D 打印石墨烯增强复合材料研究进展 [J]. 材料导报, 2020, 34 (9): 9086 - 9094.

[9] 史彦海, 李关兴, 徐艾强, 等. 镜像 3D 打印技术在髋臼骨折手术治疗中的应用 [J]. 临床骨科杂志, 2020, 23 (2): 271.

[10] 陈磊. 基于碳纳米管复合材料的 3D 打印技术研究 [J]. 辽宁化工, 2020, 49 (4): 390 - 392.

[11] 万晓慧, 田学智. 3D 打印砂芯自动风洗方法在生产中的应用 [J]. 现代铸铁, 2020, 40 (2): 61 - 64.

[12] 司阳, 龚党生, 鄢冬茂. 3D 打印在微反应器制造中的应用 [J]. 染料与染色, 2020, 57 (2): 53 - 61.

[13] 游九红, 刘春龙. 3D 打印技术在下肢矫形器中的应用 [J]. 按摩与康复医学, 2020, 11 (9): 29 - 30.

[14] 王智. 基于数字光处理 3D 打印技术的首饰批量化制造 [J]. 中国高新科技, 2020 (3): 50 - 51.

[15] 张坤, 刘子恒. 3D 打印在人工智能的发展和应用 [J]. 信息记录材料, 2020, 21 (2): 85 - 86.

[16] 陆伟, 李涤尘, 吴国锋. 3D 打印聚醚醚酮口腔修复体的初步临床报告 [J]. 实用口腔医学杂志, 2020, 36 (1): 136 - 140.

[17] 吴优楠. 3D 打印技术在机械自动化领域的应用探讨 [J]. 湖北农机化, 2020 (2): 75.

[18] 马晓伟, 刘佳, 李静, 等. 3D 打印及材料在农业中的应用 [J]. 农业科技与信息, 2020 (2): 125 - 128.

[19] 郭智臣. 阿科玛将复合材料 3D 打印扩展到其高性能材料范围 [J]. 化学推进剂与高分子材料,

2020，18（1）：37.

［20］刘宏发，姜淑凤，高福生，等. 现代数字化加工技术的问题探讨与增减材制造能力数据分析［J］. 时代农机，2020，47（1）：19－20.

［21］田皞，喻建军，周晓，等. 数字化技术联合3D打印技术重建甲状软骨在喉部分切除的应用［J］. 中国耳鼻咽喉头颈外科，2020，27（1）：20－24.

［22］吴易洋，王峰，宋子木，等. 3D打印个性化导板在颅内病变穿刺活组织检查术中的应用［J］. 中华神经外科杂志，2020（1）：44－47.

［23］戎宏涛，张雪琴，朱涛. 3D打印技术在脊柱外科中的应用进展［J］. 中华神经外科杂志，2020（1）：88－90.